电磁式油液磨损颗粒
在线监测技术

王立勇 郑长松 著

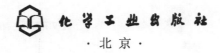

·北京·

内容简介

本书主要通过讲解磨粒传感器的相关技术，对油液磨粒在线监测技术进行了详细的讲解。首先讲解了电磁式磨粒监测机理及磨粒监测传感器数学建模；其次对磨粒监测传感器输出的影响因素进行了解读；最后进行传感器的结构优化，并提出传感器灵敏度的提高方法，提高传感器监测的效果。同时，通过设计磨粒在线监测模拟实验台与综合传动油液磨粒在线监测实验台，验证磨粒监测理论分析模型及磨粒信号变化规律。

本书专业性强，适合高校摩擦磨损、传感器、油液在线监测等方向的老师和研究生阅读，也可供相关行业的实验研究人员和工程实践人员阅读。

图书在版编目（CIP）数据

电磁式油液磨损颗粒在线监测技术 / 王立勇，郑长松著. —北京：化学工业出版社，2022，6
ISBN 978-7-122-40983-6

I. ①电… II. ①王…②郑… III. ①磨粒-电磁传感器-在线监测系统 IV.①TP212

中国版本图书馆 CIP 数据核字（2022）第 047345 号

责任编辑：雷桐辉
文字编辑：林 丹　毛亚囡
责任校对：李雨晴
装帧设计：王晓宇

出版发行：化学工业出版社
　　　　　（北京市东城区青年湖南街 13 号　邮政编码 100011）
印　　装：北京科印技术咨询服务有限公司数码印刷分部
710mm×1000mm　1/16　印张 13¼　字数 235 千字
2022 年 8 月北京第 1 版第 1 次印刷

购书咨询：010-64518888
售后服务：010-64518899
网　　址：http://www.cip.com.cn
凡购买本书，如有缺损质量问题，本社销售中心负责调换。

定　　价：98.00 元　　　　　　　　　　　　版权所有　违者必究

　　传感技术是获取自然界信息的一种主要途径与手段，是当代信息产业的三大支柱之一，也是状态监测与故障诊断领域的关键技术。通过对机械装备运行状态进行在线监测与实时诊断，实现早期故障预警和快速准确判定故障原因，是保障其安全可靠运行和智能运维的重要技术手段。基于设备性能参数和振动信号分析的状态监测方法，解决了很多大型设备的故障诊断问题，但对于早期故障预报，特别是快速准确判断故障部位和原因仍存在较大困难。机械零部件磨损是引起机械设备早期性能劣化并导致机械故障的重要原因。高质量数据采集是设备健康监测诊断的基础。采用润滑油对磨损状态在线监测分析，可以快速准确探测轴承、齿轮等摩擦副损伤状态，提高机械设备健康状态的评估水平，这可为早期预警和状态维修提供可靠依据，也为今后研发摩擦副自修复等人工自愈技术和实现装备自主健康打下基础。

　　当前，我国企业数字化升级快速推进，物联网、云计算、大数据、人工智能等技术广泛渗透于经济发展和国防建设各个领域。新型传感技术和工业互联网、人工智能技术的融合发展，促进新一轮产业变革。化学工业出版社主动顺应技术和产业发展趋势，组织出版《电磁式油液磨损颗粒在线监测技术》可谓恰逢其时。

　　《电磁式油液磨损颗粒在线监测技术》围绕机械装备磨损状态监测与评估问题，基于电磁学原理开展金属磨损颗粒在线监测技术研究。本书内容涵盖了磨损颗粒磁特性建模、传感器结构设计与优化、磨粒检测灵敏度提高及微弱磨损颗粒信号提取等一系列关键问题。各章节内容主要面向在线监测传感系统研制的基础理论与核心技术，介绍了电磁式磨损颗粒在线监测技术的研究成果。本书注重基础理论研究又兼顾工程应用，是一本难得的高水平、原创性学术专著，可为机械装备磨损状态监测诊断技术研发和工程应用提供参考。

深信本书的出版有助于开发应用机械设备磨损故障监测诊断技术，为培养更多的设备监测诊断技术人才发挥重要作用。祝愿本书为提高我国机械装备安全可靠和健康水平作出新贡献。

中国工程院院士
北京化工大学教授

2022 年 3 月 11 日

在各类重要装备运行过程中,其内部元件的磨损是不可避免的。磨损现象的产生不仅会降低装备的工作效率及其使用寿命,还会引起装备元件或装备产生严重故障,甚至导致灾难性的后果并造成巨大的经济损失。相关研究表明,由磨损引起的故障是影响装备系统正常运行的重要因素之一。据统计,全球工业系统中 70%~80%的器件失效由各种形式的摩擦磨损现象引起,50%以上的通用装备恶性事故源于其内部零部件的过度磨损。统计数据表明,因摩擦磨损导致的总能量损耗可达全世界一次能源(即天然能源)的 1/3。因此为了预警重要装备的磨损故障,降低装备因元件磨损导致的故障率,提高重要装备的运行可靠性和安全性,对此类重要装备实施磨损状态实时监测与预警具有重要意义。

油液磨粒监测技术是分析装备磨损的有效方法,磨粒状态在线监测技术通过分析被监测装备在用润滑剂(或工作介质)的性能变化和携带的磨损微粒的情况,获得装备的润滑和磨损状态的信息。相比振动监测,磨损状态监测能够适用于恶劣环境(如噪声大、振动源多、外界干扰明显)中,且灵敏度、准确性和可靠性更高,已逐步发展成为一项关系到国家国防安全及科技发展水平的关键性战略共性技术。磨粒在线监测能够克服离线式监测方式的滞后性,具有监测过程的连续性、实时性和代表性等优点,且磨粒在线监测结果的准确性不会严重依赖于操作人员的经验和水平;同时,在线监测方法的监测周期不会造成装备磨损程度的预警结果严重滞后于装备的实时运行状态。

在线式磨损监测技术所依据的检测原理主要包括光学原理、电学原理、超声波原理等。基于光学原理的磨损检测传感器的典型特征是其结构复杂、检测灵敏度较高，且可直观地检测磨损颗粒的粒度及二维形状参数；其主要缺点在于随着机械系统运行时间增长，系统内润滑油液逐渐混浊，此时传感器检测灵敏度及准确度将明显降低。基于电学原理的磨损检测传感器检测结果极易受到润滑油液种类及其电学参数的影响，因此随着机械系统运行时间的增长及油液理化参数的变化，传感器检测结果的准确度及一致性也逐渐变差。基于超声波原理的磨损检测传感器抗背景噪声能力较弱，且温度稳定性差，因此限制了其在复杂工况下的使用。与基于光学、电学和超声波原理的磨损检测技术相比，电磁式磨粒在线监测技术具有结构形式简单可靠、温度稳定性好、抗背景噪声能力强、检测结果准确性对油液特性变化不敏感等特点。电磁式油液磨粒在线监测技术是监测装备磨损，实现磨损故障预警的有效方法之一，已成为当前装备在线监测技术的重要发展热点和趋势之一。

　　研究如何提高磨粒监测传感器的检测灵敏度，是提高油液监测信息准确度和故障预警有效性的关键。本书以电磁式磨损颗粒监测传感器为研究背景，首先分析电磁式磨粒监测机理；其次对磨粒监测传感器输出的影响因素进行分析；然后进行传感器的结构优化，并提出传感器灵敏度的提高方法，提高传感器的监测效果。通过设计磨粒在线监测模拟实验台与综合传动油液磨粒在线监测实验台，验证磨粒监测理论分析模型及磨粒信号变化规律。本书共分 7 章，以电磁式磨损颗粒监测传感器为研究背景，研究电磁式油液磨损颗粒在线监测技术。第 1 章主要概述油液磨粒在线监测技术，对磨粒在线监测常用方法进行分类，综述电感式磨粒在线监测技术的研究现状，并分析磨粒在线监测传感技术存在的问题，探讨电感式磨粒在线监测技术的发展趋势。第 2 章着重分析磨粒与设备磨损的关系，探究电感式三线圈对磨粒的检测原理，建立磨粒检测磁特性模型和磨粒在线监测传感器的数学模型，分析球体磨粒在静磁场和交变磁场中的磁特性，为传感器输出影响因素分析、传感器结构分析以及传感器的制作奠定理论基础。第 3 章着重分析磨粒监测传感器主要因素对输出信号的影响，通过推导磨粒在线监测传感器的磁场和感应电动势计算公式，深入分析磨粒监测信号特征和主要线圈结构参数对传感器内部磁场和感应电动势的影响，揭示典型磨粒监测传感器典型因素对磨粒监测输出的影响规律，为传感器结构参数优化分析奠定理论基础。第4章主要从分析传感器结构优化的性能评价指标入手，对传感器结构参数优化进行建模，采用粒子群算法实现对电感式油液磨粒在线监测传感器的线圈结构参数优化，以提高传感器的监测性能。第5章为提高传感器检测灵敏度，探讨添加高磁导率铁芯和谐振电路两种提高磨粒检测灵敏度的方法；由于感应电动势较为微弱，为了满足精确判断磨损颗粒性质与粒度的要求，对微弱磨粒信号进行快速提取，并对磨粒检测的感应信号进行小波滤波，以实现高灵敏度感应信号的检测目的。第6章主要从磨粒监测传感器、数字锁相放大器、交流稳流励磁电路和线监测软件等几方面，对电感式油液磨粒在线监测系统进行设计，为进行油液磨粒在线监测实验提供监测系统。第7章设计油液磨粒在线监测实验，开展磨粒监测模拟实验和磨粒监测油液实验，研究传感器检测单个或少数磨粒的输出信号的特点及添加高磁导率铁芯和传感器结构参数优化的检测效果；在油管中接入磨粒在线监测系统，验证结构参数优化和汇流排传动系统的摩擦磨损状态，推进油液磨粒在线监测技术在工业实际的应用。

本书研究内容受到国家自然科学基金青年项目"往复机械故障诊断的多元信息融合裕度函数和参数化模型研究"（51105041，2012.01—2014.12）、北京市教委重点项目"微小磨粒在线检测信号测量与识别方法研究"（KZ201611232032，2016.01—2018.12）、教育部科学技术研究重点项目"往复机械多技术信息融合故障诊断知识获取方法研究"（212002，2012.01—2014.12）、国家自然科学基金项目"机械异常磨损微粒在线监测机理与微弱混叠信号辨识方法研究"（51475044，2015.01—2018.12）、总装"十二五"预先研究项目"动力传动装置润滑油液金属颗粒在线监测技术"（40402010105，2014.01—2017.12）等项目支持。在本书完成之际，笔者衷心感谢各位同仁的支持与帮助。本书包含了笔者指导的研究生彭峰、陈浩、钟浩、范辰、贾然、李萌、陈讬完成的研究工作，在此深表感谢！

限于笔者水平，书中难免有疏漏之处，敬请读者指正。

著者

第 3 章
磨粒监测传感器输出信号影响因素分析 055

第 4 章
传感器结构参数优化与设计

079

第 6 章
高灵敏度磨粒在线监测系统设计 133

第 7 章
油液磨粒在线监测实验　　155

第1章

概述

机械设备运行过程中，机械及液压元件的磨损是不可避免的。磨损现象的产生不仅会降低设备的工作效率，还会影响其使用寿命。相关研究表明，由元件磨损引起的机械故障是影响设备正常运行的重要因素之一。因此，为了预防因元件过度磨损引发严重的机械故障，同时提高设备的运行可靠性和安全性，降低维护与维修成本，对设备磨损状态进行实时的监测与评估具有重要意义。

磨损颗粒（简称磨粒）监测技术是实现机械设备磨损状态监测与评估的重要技术之一。该技术通过对机械设备润滑油液中携带的磨粒数量、材料及尺度等信息进行检测与分析，获得机械设备的磨损状态，进而为机械设备运行状态的评估及其可靠运行提供有力的保障。本章主要对不同类型的油液磨粒在线监测技术进行概述，详细介绍各类磨粒监测传感器的结构形式、工作原理与特征，同时分析当前磨粒在线监测传感技术存在的问题，并深入探讨电磁式磨粒在线监测技术的发展趋势。

1.1　油液磨粒监测技术

目前，对润滑油液中磨粒的监测可分为离线式磨粒监测和在线式磨粒监测两种方式，其中离线式磨粒监测技术的发展已相对成熟，所采用的主要方法包括光谱分析、铁谱分析及污染度分析方法。其中，光谱分析方法能够有效地监测粒度范围为 $0.1\sim10\mu m$ 的磨粒，同时可以对润滑油液中各元素含量进行高精准度的分析，以实现对机械设备磨损趋势的有效监测。铁谱分析方法借助高倍显微镜直观地对磨粒的材料（通过颗粒颜色判断）、形状和数量进行分析，可以对机械设备的磨损程度及磨损机理进行初步评估。污染度分析方法可以对润滑油液中的固体磨粒进行统计，并依据相关标准生成油液污染度等级。该方法一般可实现 $4\mu m$ 以上磨粒的有效检测。总体而言，离线式磨粒监测方法一般具有较高的灵敏度，但由于该类设备操作流程复杂，需配备专业的实验操作人员，因此其检测结果的准确性严重依赖于实验操作员的个人经验和水平。此外，为了研究机械设备磨损状态的发展规律，及时掌握机械设备的磨损状态，需要对润滑油液进行长时间历程的监测和分析，这极大地增加了设备磨损监测的工作量，同时导致获取设备磨损状态信息的周期较长。因此，对设备磨损状态的诊断结果往往严重滞后于设备的运行现状。

在线式磨粒监测技术能够在设备不停机的情况下，对油液中所含的磨粒信息进行实时监测，并判定设备的运行及磨损状态。该类技术的主要优点在于磨损监测过程的连续性及实时性。随着我国高精尖技术的快速发展及对复杂机电设备可靠性要求的逐渐提高，高精度油液磨粒在线监测技术已成为设备磨损状态检测与评估的有力手段，并逐渐成为磨损监测领域中的重要发展热点和趋势之一。近年间，在线式磨粒监测技术得到了长足的发展，不同检测原理的磨粒监测传感器被广泛提出。所采用的检查方法主要包括：光学监测方法、电学监测方法、声学监测方法以及磁学监测方法。以下对各类传感器的结构形式、检测原理及关键特征进行详细说明。

1.1.1　基于光学的磨粒监测法

　　光学式磨粒监测法是一种典型的在线油液磨粒监测方法。其基本原理为：油液中的磨粒的数量会改变油液的光学性质，因此可以通过测量油液光学特征的变化来评估油液中磨粒的数量或浓度，进而实现机械设备磨损状态的在线评估。依据传感器光学原理的差异，光学式磨粒监测传感器可分为直接成像式、光衍射式和光散射式。由于各类传感器成像机制的不同，传感器性能也会产生明显的差异。

　　对油液中的磨粒进行直接光学成像是实现磨粒在线监测的一种有效方案。该类监测系统的基本结构如图 1-1 所示，其一般由 CMOS 传感器、油液流道、光源及其他辅助元件共同组成。该系统的工作原理为：光源产生的光经过光学调节镜片后照射油液流道，而当磨粒随油液流经光源照射的监测区域时会形成磨粒阴影，CMOS传感器通过识别磨粒阴影的特征，实现磨粒的检测及其浓度的估计。该方法通过分析磨粒阴影的图像或颗粒流视频可实现直径大于 $4\mu m$ 的非透明磨粒的有效检测，同时识别磨粒的二维形状。此外，由于气泡或水滴的透光性与固体磨粒存在明显的差异，该方法可有效区分油液中存在的气泡或水滴与真实磨粒。然而，高分辨率的监测需求严重限制了检测区域的视场和景深，使得直接成像式磨粒监测系统仅适用于小流量场合的应用。

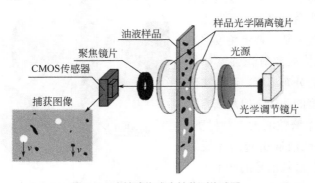

图 1-1　直接成像式磨粒监测传感器

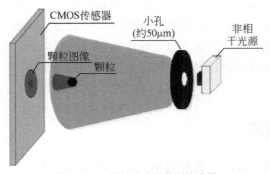

图1-2 无透镜式磨粒监测传感器

为了提高传感器对油液中微小磨粒的分辨率及监测效率，无透镜显微镜技术被引入磨粒监测领域。由于可以采用不同特性的光源（包含：相干光、非相干光及半相干光），多种磨粒监测系统被相继提出。一种典型的采用非相干光的无透镜式磨粒监测传感器结构如图1-2所示。该传感器由非相干光源、带有小孔的遮光罩及CMOS传感器共同组成。该结构是无透镜光学系统中最简单的方案，其通过采用简单的小孔避免了光路中复杂光学元件（如激光）的使用。在这种结构中，可以产生目标磨粒的自干涉衍射图像，并利用衍射图像直接进行磨粒尺寸的估计。相较于直接成像式磨粒监测传感器，该类传感器具备更高的分辨率（约为2μm）及更高的监测效率（视场约为$20mm^2$，景深约为1mm）。然而由于油液中的气泡和液滴的衍射图像与固体磨粒并没有本质区别，该类传感器容易将油液中气泡或液滴错误地识别为固体磨粒，造成一定的监测误差；同时由于不同形状磨粒引起的衍射图像形状存在一定的相似性，该方法不能对磨粒的具体形状进行准确的监测。

基于光散射分析方法的磨粒监测传感器是实现机械设备磨损状态在线评估的另一有效手段。该类传感器的典型结构如图1-3所示。其监测原理为：光源产生的光经过光学镜头后照射油液流道，当油液样本中不含有固体磨粒时，光源产生的光全部透过油液样本并被遮光罩吸收，此时传感器不会监测到任何散射光信号；而当磨粒随油液运动并通过监测区域时，则光线会在磨粒表面发生漫散射现象。布置于某一特定角度的光电传感器通过检测散射光强度估算出油液中磨粒的分布浓度，进而实现对设备磨损程度的评估。但是该方法并不能判断单个磨粒的大小及材质，且油液中气泡或液滴引起的光反射也可能导致虚假磨粒信号的产生。

总体而言，光学式磨粒监测传感

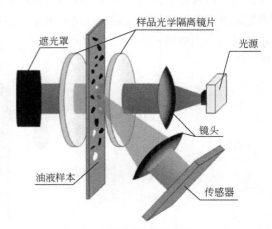

图1-3 散射式磨粒监测传感器

器的主要优点是灵敏度显著高于其他种类的磨粒监测系统。然而，该类传感器在磨损监测应用中也存在一些明显的缺陷，即随着设备运行时间的增加，油液的透光率将会逐渐降低，导致传感器难以捕获清晰的颗粒图像，从而导致其对磨粒尺寸、形状和浓度的估计存在误差。因此，随着运行时间的增加，该类传感器对磨粒的监测结果准确性也逐渐下降。

1.1.2 基于电学的磨粒监测法

为了进一步满足磨粒在线监测的需求，各种基于电学原理的磨粒监测传感器被广泛提出，主要包括电容式、RFID（射频识别）式和静电式磨粒监测传感器。其中，电容式磨粒监测传感器通过测量润滑油液介电常数的变化来监测磨粒。基于此原理，如图1-4 所示为一种由单个尺寸为 $60\mu m \times 30\mu m$ 的微流道和电极组成的电容式磨粒监测传感器。仿真和实验结果表明，该传感器能够有效监测直径大于 $8\mu m$ 的金属磨粒（对应电容变化约为 45aF），且随着磨粒直径的增大，该传感器的电容变化迅速增大。此外，为了提高传感器的额定流量，一种双螺旋结构的电容式磨粒监测传感器被提出，其结构如图1-5 所示。该传感器由两个螺旋电极及油液流道共同组成，当金属磨粒通过该传感器时，两电极间的电容会发生明显变化，其数值的大小可用来表征磨粒粒度。该传感器的最大特点是流道内电场分布较均匀，大大减弱了磨粒通过传感器时的相对位置对监测结果一致性的影响。因此，这种结构在大孔径磨粒监测传感器中具有良好的应用前景。电容式磨粒监测传感器虽然可以监测到 $10\mu m$ 左右的磨粒，但其仍存在一些典型的缺点。首先，由于不同金属磨粒的介电常数几乎相等，其无法有效区分铁磁性磨粒和非铁磁性磨粒。其次，润滑油液中水滴的相对介电常数比润滑油液大得多，因此也会导致明显的电容脉冲，并造成传感器输出虚假的磨粒信号。最后，随着设备运行时间的增加，润滑油液的氧化和污染会极大地改变其介电常数，这会显著降低传感器的检测灵敏度。因此，这种传感器在工业应用中的磨粒监测能力仍然非常有限。

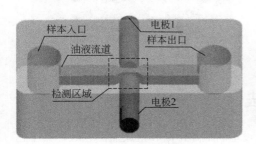

图1-4　电容式磨粒监测传感器

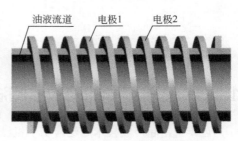

图1-5　双螺旋电容式磨粒监测传感器

基于 RFID 的磨粒监测传感器基于介质的磁导率和介电常数容易影响电磁波传输特性的物理原理实现润滑油液中磨粒浓度的检测。该传感器结构如图 1-6 所示，其工作原理为：发射器产生特定频率的射频信号，当电磁波通过带有磨粒的润滑油液时，一部分被润滑油液和磨粒吸收，一部分波被反射，剩下的一部分会穿过介质。因此，通过检测电磁波的反射和透射特性即可全面反映润滑油液中磨粒的浓度。与电容式磨粒监测传感器相比，该传感器具有更高的可靠性和抗干扰性能，但其不能提供单个磨粒尺寸的实时信息，因此阻碍了对机械设备突然严重磨损失效的有效监测。但对于颗粒浓度较高的油液，电磁波在粒子间的多次反射会造成大量的能量损失，从而削弱电磁波的穿透能和反射能，因此导致该传感器对这类油液中磨粒的监测效果不佳。

机械元件摩擦产生的磨粒通常会带有一定的电荷，因此静电式磨粒监测传感器也成为监测润滑油液磨粒的一种典型方法。该类传感器结构原理如图 1-7 所示。其监测原理为：当带有一定电荷的磨粒通过传感器检测区域时，在监测探头表面会感应出相同电荷量的反向电荷，因此通过检测反向电荷的数量即可实现对润滑油液中磨粒的检测和统计。在具体应用过程中，一般通过测量感应电荷的峰-峰值、峰度、均方根等特征参数来实现磨粒的定量分布。实验表明，该传感器能够粗略估计磨粒浓度，从而全面反映机械设备的磨损程度。但该传感器不能区分铁磁性磨粒和非铁磁性磨粒，同时由于磨粒所携带的电荷一般低于饱和电荷，且具有一定程度的随机性，该类传感器无法准确监测单个磨粒的尺寸。

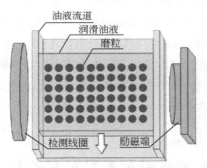

图1-6　基于 RFID 的磨粒监测传感器

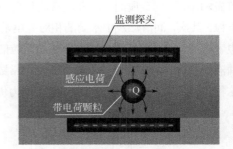

图1-7　静电式磨粒监测传感器

1.1.3　基于声学的磨粒监测法

近年来，超声波技术广泛应用于机械设备的故障诊断和健康监测领域，其中包括疲劳裂纹识别、风电机组叶片结冰监测、复合材料损伤成像等，而超声波式磨粒监测传感器是该技术在机械设备在线监测领域的又一典型应用。该类传感器典型结构如图 1-8（a）所示，其一般由超声波发射器和接收器组成。该传感器的工作原理为：超声波发射器产生超声波束并射入油液，当油液中包含固体磨粒时，一部分超声波会被磨粒反射，其余超声波将穿透润滑油液并被接收器接收。因此，透射波和反射波的强度都可以反映磨粒的尺寸。由于气泡和固体颗粒的反射系数相差较大（气泡为负，固体颗粒为正），该类传感器可以根据超声回波信号相位对其进行区分。同时，由于油液的洁净度不影响超声波的穿透性，该传感器在浑浊油液中的磨粒监测方面比光学式磨粒监测传感器具有明显的优势。为进一步提高磨粒监测的灵敏度，采用高能聚焦超声换能器的磨粒监测传感器被提出，其结构如图 1-8（b）所示。该方法通过减小聚焦光斑直径和增大局部探测区域的声压来提高识别颗粒信号的灵敏度和信噪比。同时，传感器设计时分别为固体磨粒及气泡设置独立的出口，使得颗粒监测过程中，固体颗粒因重力作用下沉并通过出油口，而气泡向上漂浮并从气泡出口消除。该独特的结构避免了气体存储在传感器内，大大提高了颗粒监测结果的一致性。实验结果表明，该传感器可有效监测直径 45μm 的固体颗粒。然而该类传感器也存在一些明显的缺点，首先，由于所有的固体颗粒都具有相似的声反射系数，其不能区分金属磨粒和非金属磨粒；其次，监测区域的声场分布严重不均匀，导致颗粒经过传感器的不同位置时会极大地影响颗粒尺寸识别的准确性；最后，环境温度、油黏度、油流速度和机械振动都可能影响超声传感器的性能，因此很难建立一个完备的数学模型以综合修正多种因素共同引起的颗粒监测结果误差。

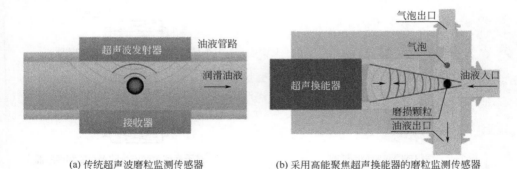

(a) 传统超声波磨粒监测传感器　　　　(b) 采用高能聚焦超声换能器的磨粒监测传感器

图 1-8　超声波磨粒监测传感器原理

1.1.4　基于磁学的磨粒监测法

近年来，基于磁学的磨粒监测技术得到了广泛的发展，并逐步应用于润滑油液中金属磨粒的监测。根据传感器采用磁场的特征，可将该类传感器总体分为静磁式磨粒监测传感器和电磁式磨粒监测传感器两种。其中静磁式磨粒监测传感器一般基于静磁场实现磨粒的监测，但由于静磁场中非铁磁性颗粒对静磁场的扰动程度较小，该类传感器难以实现非铁磁性磨粒的监测。电磁式磨粒监测传感器一般采用高频交变磁场实现磨粒的监测，可同时实现铁磁性磨粒和非铁磁性磨粒的监测。

霍尔式磨粒监测传感器是一种典型的静磁式磨粒监测传感器，其结构如图 1-9 所示。该传感器由油液流道、永磁体及霍尔探头共同组成。传感器工作时，带有磨粒的润滑油液流过监测通道，铁磁性磨粒被静磁铁吸引而聚集至霍尔探头位置处。铁磁性颗粒的磁化效应会显著增强局部磁场强度，并使霍尔元件输出霍尔电压，因此，通过测量霍尔电压即可实现监测区域附近磨粒的数量及质量的总体估计。为了实现单个磨粒粒度的监测，一种基于高梯度静磁场的磨粒监测传感器被提出，其结构如图 1-10 所示。该传感器由两个 L 形磁极、一个励磁线圈（2000 匝）、一个感应线圈（4000 匝）及油液通道共同组成。当为励磁线圈施加励磁电流时，传感器的独特结构使线圈在两个磁极之间的空气域中产生高梯度磁场。在这种情况下，移动的磨粒使感应线圈产生一种类似正弦的感应电压，该电压可进一步用于表征磨粒的大小和材质。该方法所产生的磁场全部集中于两 L 形磁极间隙，因此背景磁感应强度较强，故具有较高的监测灵敏度。但非铁磁性磨粒通过传感器不均匀的静态磁场时会产生微弱的涡流效应，导致该传感器对非铁磁性颗粒的监测能力较差。同时，传感器内部磁场的径向梯度也会导致监测结果的不一致性。

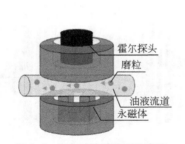

图 1-9　霍尔式磨粒监测传感器

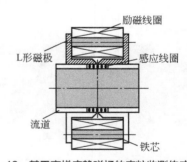

图 1-10　基于高梯度静磁场的磨粒监测传感器

基于交变磁场的电磁式磨粒监测传感器是磨粒在线监测领域中的一种重要传感器。为了满足不同的应用要求，不同结构的电磁式磨粒监测传感器得到了广泛的发展。按照传感器结构类型的差异，可将该类传感器分为：单线圈式、双线圈式、三线圈式及平面线圈式等多种。其中，单线圈式磨粒监测传感器是结构最为简单的电磁式磨粒监测传感器。该传感器结构由 Flanagan 首次提出,其典型结构如图 1-11(a)所示。该类传感器的工作原理为:向线圈中通入高频交流电源,使线圈工作于近谐振状态。当金属磨粒通过传感器时,线圈的电感值会发生一定的变化并引起谐振频率发生改变。因此,通过监测谐振频率的偏移即可实现金属磨粒粒度大小的估计。该传感器灵敏度相对较低,实验表明内径为 6mm 的传感器仅能实现直径为 150μm 的铁磁性颗粒的监测。此外,该传感器监测结果容易受到外部磁场的影响,表现为当环境磁场发生变化时,线圈电感及谐振频率也会随之改变,因此导致虚假磨粒信号的产生。为了消除环境磁场变化导致的传感器误报,一种平行双线圈式磨粒监测传感器被提出来,其结构如图 1-11(b)所示。该传感器由两个结构参数完全相同的电磁线圈平行布置而成,且两线圈分别作为检测线圈和参考线圈。传感器工作过程中,润滑油液从检测线圈内流过传感器。当润滑油液中不含有金属磨粒时,两线圈电感量完全相同,且电感值随环境磁场的变化而同步变化。当磨粒随润滑油液通过传感器检测线圈时,两线圈间的电感平衡会被破坏,使传感器输出一个信号,且信号幅值的大小与磨粒粒度息息相关。实验表明,该传感器能够成功监测直径 100μm 的铁磁性颗粒和 500μm 的非铁磁性颗粒。但在实际应用过程中,长时间的油液监测会使得监测线圈温度逐渐趋向于油液温度(一般在 100℃左右),而参考线圈的温度几乎与环境温度保持一致,这种温差会改变两线圈的电气参数,并使传感器产生虚假的磨粒信号。同时,不同工况下油液温度和环境温度的不确定性也会改变虚假信号的具体特性,这增加了后续信号处理过程中对干扰信号的滤除难度。

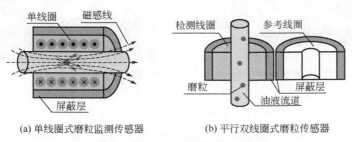

(a) 单线圈式磨粒监测传感器　　　　　(b) 平行双线圈式磨粒传感器

图 1-11　单/双线圈式磨粒监测传感器

近年来,为了进一步提高传感器对微小磨粒的监测能力和抗干扰能力,并联三线圈磨粒监测传感器得到了广泛的研究。其典型结构如图 1-12 所示。该传感器主要由两个匝数相同、反向绕制的励磁线圈和位于两励磁线圈中间的感应线圈共同组成。传感器工作时,相同的正弦电流被输入两励磁线圈中,并使两线圈产生振幅相同、方向相反的交变磁场,两磁场在感应线圈位置处相互抵消。此时感应线圈磁通量为零，不输出感应电动势；当金属磨粒通过传感器时，会影响励磁线圈产生的磁场，并打破两磁场间的平衡，使感应线圈磁通量发生变化并输出感应电动势。交变磁场中，由于铁磁性颗粒会增强局部磁场，非铁磁性颗粒会减弱局部磁场，故当不同材质的磨粒通过传感器时，传感器输出信号的相位将发生明显变化。因此采用该类传感器检测磨粒时，可根据传感器输出信号的振幅和相位判断磨粒的大小和材质。实验表明，当传感器内径为 7.8mm 时，可有效监测直径为 $100\mu m$ 铁磁性颗粒和直径为 $300\mu m$ 的非铁磁性颗粒。但在传感器工作过程中，励磁线圈与感应线圈之间的间隙会产生漏磁，降低了传感器的监测灵敏度。为了减小线圈间的漏磁系数，一种内外层结构的三线圈磨粒监测传感器被提出，该传感器结构如图 1-13 所示。在该传感器中，两励磁线圈反向相邻绕制在油液通道上，感应线圈覆盖于励磁线圈外部。该传感器工作原理与并联三线圈结构传感器相似，而线圈间较低的漏磁系数一定程度上提高了传感器的灵敏度。但在实际应用中，由于背景磁场的变化容易导致外部感应线圈的磁通量的变化，该传感器的抗干扰性大大降低。尽管这两种传感器在工业应用中逐渐被采用，但它们的磁场表现出明显的径向不均匀性。该现象导致当磨粒在不同径向位置通过传感器时，监测结果的一致性较低。

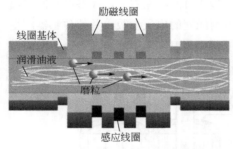

图 1-12　并联三线圈磨粒监测传感器

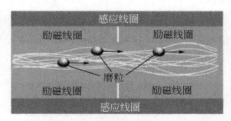

图 1-13　三线圈内外侧磨粒监测传感器

为了提高电磁式磨粒监测传感器的最大流量以及监测灵敏度，一种具有多个感应线圈的磨粒监测传感器被提出，其典型结构如图 1-14 所示。该探测器由一个直径较大的励磁线圈以及内部包裹的多个感应线圈共同组成。根据分割形式的不同，传感器感应线圈可以设置成不同弧度的扇形，也可以设置成正多边形。由于不同形式感应线圈的监测区域以及线圈间耦合效应的强度存在明显差异，感应线圈形状也会明显影响传感器的监测性能。扇形形状感应线圈内的磁场分布严重不均匀（线圈内壁附近的磁通密度远远大于线圈轴线附近的磁通密度），因此采用扇形感应线圈分区的传感器存在监测结果一致性差的问题。而多边形分区的方法可以提高每个感应线圈内磁场分布的均匀性，降低线圈内部的磁场梯度，但传感器内层和外层的感应线圈之间仍然会具有不同的背景磁场强度，因此也会导致监测结果出现一定的误差。

为了减小监测区域内磁场不均匀性对颗粒监测结果一致性的影响，如图 1-15 所示为一种平面螺旋线圈传感器。该传感器工作时，平面螺旋线圈在监测区域一定深度范围内产生相对均匀的磁场，这样有利于得到更好的监测结果一致性。仿真和实验结果表明，通过提高线圈填充比和减小间距比，可以有效提高传感器的检测灵敏度。然而，该类传感器内油液通道一般选用扁平结构，使得其极大地限制了传感器的最大流量，同时也增加了多个磨粒同时通过监测区域的概率，这种情况下，多个颗粒可能被传感器识别为较大的磨粒，增加了传感器误报的风险。

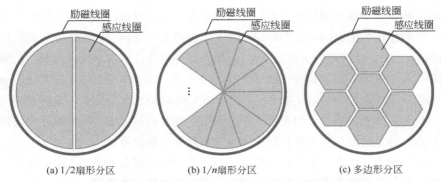

(a) 1/2扇形分区　　　　　　(b) 1/n扇形分区　　　　　　(c) 多边形分区

图 1-14　具有多个感应线圈的磨粒监测传感器的横截面视图

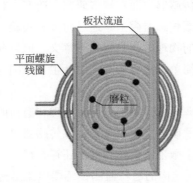

图 1-15　平面螺旋线圈传感器

1.2　电磁式磨粒在线监测技术

电磁式磨粒监测传感器具备稳定的工作性能以及很强的抗干扰能力，能够对油液中金属磨粒属性、粒径和数量信息进行全方位采集。翔实地采集数据对分析机械设备磨损状态、磨损部位以及进行故障预警具有十分重要的价值。以下对其研究现状、存在的技术问题以及发展趋势进行详细的分析。

1.2.1 电磁式磨粒在线监测技术研究现状

国外对于电磁式磨粒监测传感器的研究开展得较早，且初步形成了系列化的产品。该类型传感器主要包括加拿大 GasTOPS 公司开发的 MetalSCAN 磨粒监测传感器和英国 Kittiwake 开发的 FG 型在线磨粒监测传感器。其中磁性颗粒 MetalSCAN 磨粒监测传感器是目前世界范围内技术水平最先进且应用最为广泛的磨粒监测传感器。其能根据非铁磁性颗粒的信号相位与铁磁性颗粒信息相位相反的特征区分颗粒种类，并根据信号的振幅确定磨粒的尺寸。该传感器可监测的铁磁性金属颗粒尺寸为 100μm 以上，非铁磁性金属为 250μm 以上，并能统计出各个尺寸范围内的颗粒数量和质量，进而依据累积数据进行磨损趋势分析。而 FG 型在线磨粒监测传感器可监测的铁磁性颗粒为 40μm 以上，非铁金属颗粒为 135μm 以上，安装时直接接入油路。目前，此类传感器已经实现了军民两用，具有高灵敏度、高可靠性和快速检测的特点，能及时发现并预报机械摩擦系统突发性磨损故障。

目前，国内多所研究机构针对电磁式磨粒监测传感器也开展了大量的研究。空军工程大学、北京理工大学、中南大学、合肥工业大学、武汉理工大学、华北电力大学等在电磁式磨粒监测传感器方面有较多研究。研究内容主要涉及各种结构，包括单线圈、双线圈和三线圈传感器模型。通过仿真和实验，阐述了传感器的相关理论和检测规律，对传感器的物理设计具有指导意义，但目前仅处于理论研究的验证阶段，实验室环境也过于简单，没有实际应用，主要原因是传感器的灵敏度不足以检测出小颗粒的磨粒。

武汉理工大学的殷勇辉等人基于电感测量原理和磨粒的检查需求，对单线圈电磁式磨粒监测传感器开展了研究。实验表明，该传感器可以大致区别磨粒的粒度大小和金属材质属性，但对于微米级磨粒的检测还存在很大难度。

Du 等人分析了单线圈结构的磨粒监测传感器电路结构及该类型传感器的灵敏度表征方法，提出为传感器匹配串联外部电容，使传感器线圈工作于并联谐振状态，可极大地提高传感器的监测灵敏度。实验结果表明：该传感器可实现直径为 20μm 的铁磁性颗粒和直径为 55μm 的铜颗粒的监测。但该传感器采用微流道结构（传感器内径约 1mm），因此难以在大流量的工程中得到应用。

军械工程学院的范红波等人建立了线圈中含有铁磁性磨粒时的磁场模型，得到了磨料磁化场的磁感应强度与退磁因子的关系式。磨料颗粒的磁化强度由磁导率和退磁因子决定。除此之外，还得出了传感器线圈的电感变化率与球半径的立方成正比、球磨粒半径在 $100\mu m$ 以内时电感变化率的数量级在 10^{-7} 等结论。

中南大学的严宏志等人针对铁磁性颗粒的传感器检测过程，建立了三线圈传感器的简化模型，并根据上述模型设计了铁磁性磨粒在线监测传感器。中南大学的陈书涵等人对上述文献所研制的传感器进行了实验研究，实验中通过增加油液中铁磁性磨粒的数量验证了上述传感器的有效性。

华北电力大学的张行等人利用 MetalSCAN 传感器，研究了在线监测系统的信号处理模块，分析了在线监测信号励磁系统的工作原理，并且设计了励磁电路和信号调节电路。传感器励磁电路作为励磁源产生交流电，自行设计的信号调节电路对感应线圈采集的模拟信号进行处理，对原始信号进行滤波、采样，最后输入存储模块完成数据分析。

合肥工业大学的周健等人对在线监测传感器的测量电路与信号调节电路进行了研究，通过 MuLtisim 软件进行了分块仿真与整体仿真。电路总体设计的有效性在仿真中得到了验证，各级放大电路的信号输出合理而无饱和失真现象，为电路的设计提供了参考。

重庆工商大学的彭娟等人对油液在线监测技术的开发进行了普遍调查，并介绍了包括传感器构造参数与信号取得和调整技术的全油金属研磨剂传感器。通过对现有研究结果的分析概述，预测了在线监控传感器技术未来的发展方向。

南京航空航天大学的郭海林等人研发了一款基于电感原理的在线监测传感器，该传感器的核心是利用 MEMS 工艺制作的平面线圈。同时还设计了信号采集电路，并对其性能与检测精度进行了实验研究。实验表明：当磨粒质量在 $10\sim100mg$ 范围内时，该传感器线性度与灵敏度较好，对铁磁性磨粒检测精度达到 5mg，信号输出平稳，为金属磨粒在线监测提供了一种新的方式。

广州机械科学研究院有限公司设备状态检测研究所的冯伟基于目前国内外油磨颗粒在线监测传感器、油液质量在线监测传感器、油液多信息集成在线监测仪器及应用技术的介绍，对目前油液在线监测传感器技术进行了综述，对油液在线监测传感器的研究和应用进行了展望，这对于推广油液监测技术有所帮助。

航空仪器设备计量总站的黎琼炜对国内现有的各类嵌入式油液在线监测传感器进行了重点介绍，并根据航空航天领域对于在线监测技术的要求和油液在线监测技术的发展状况，提出了未来的研究中需要研究的问题，预测了航空领域在线监测技术的发展趋势。

电子科技大学的傅舰艇等人根据三线圈差动式检测原理，设计了一种金属颗粒在线监测传感器和相应的检测电路。检测电路由调幅调相驱动电路、放大电路、整流调幅电路与后置滤波电路几部分组成。实验验证结果证明了该检测电路、后续 NI 信号采集模块与 LabVIEW 数据处理的有效性，铁磁性在线监测精度达到 150μm。

北京交通大学的冯丙华利用电磁感应原理对传感器模型进行了推导，得出了长径比大于 5 的长直螺线管模型中电感变化量与油液中金属磨粒成 3 次方关系的结论，对润滑油金属磨粒在线监测的电感传感器的设计具有指导意义。

北京理工大学的吴超等人分析了电感式在线监测传感器的检测原理；建立了三线圈螺线管传感器的三维模型；通过引入磁场有限元软件 JMAG Designer 进行静磁场仿真和传感器的瞬态磁场仿真，获得磨料颗粒的当量直径和速度与感应电动势之间的关系；介绍了金属磨料的退磁因素，分析了不同磨料形态对感应信号的影响；获得了椭圆形和圆柱形磨料的输出特性。李萌等人首先建立了传感器线圈的三维模型，利用磁场仿真软件 JMAG Designer 建立了传感器的完整磁场和电路模型，并进行了静态仿真和瞬态磁场仿真；通过分析感应电动势的瞬态分布，得到了感应信号与磨粒的当量直径和油流速度之间的对应关系，另外总结了匝数、基体尺寸、线圈间隙和通道直径对感应信号的影响。陈讬等人利用电磁感应原理和 Biot-Savart 原理，建立了包含励磁参数的数学模型；模拟了提取感应电动势信号的方法；分析了感应电动势的特点；研究了磨削粒度取向和同一轴向平面上两个磨粒平行对传感器感应电动势信号的影响；最后通过台架实验验证了不同的励磁频率和不同的磨削磨粒诱导电动势的粒度变化规律。郑长松等人对大孔径的平行三线圈式磨粒监测传感器做了大量研究，建立了该类型传感器的电磁学模型，对磨粒引起的传感器的磁场扰动进行了广泛的研究。

近年来，基于微流道结构的金属颗粒检测法获得了长足的进步，现已证明相比于常规方法，微流道结构拥有显著的高灵敏度优势，存在相当大发展潜力。微流道检测法仍将电感线圈作为传感器的关键元件，但将线圈自身同时作为励磁信号的提供方和检测信号的获取方。Du 等人主要使用这种结构的电路，配合毛细管、平板流道等，实现粒度为 25~50μm 的铁磁性颗粒的准确检测，并使用多单元的串联实现了若干流道同时检测。该课题组提供的方法适合于实验室环境的高精度油液检测，其中一种形式如图 1-16 所示。但当运用于工程实际时，其本身油液流量过低，且由于油液劣化导致的黏度不稳定以及非金属固体颗粒的影响，容易造成阻塞。

曾霖等人构建了双线圈结构的微流道型磨粒监测传感器。该传感器在微流芯片中嵌入两个相同的层状螺旋线圈，以实现铁磁性磨粒和非铁磁性磨粒的区分监测；同时，通过测量传感器电容值的变化，该装置可对润滑油液中的水滴或者气泡进行监测。相较于传统的单线圈式磨粒监测传感器，该装置能够监测更多元润滑油液污染参数，且具备更高的监测灵敏度。

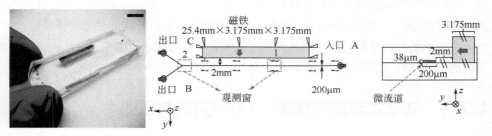

图1-16 微流道检测法示意图

Wu 等人基于双线圈结构设计了微流道型磨粒监测传感器（传感器通道内径为230μm）。该传感器将监测线圈作为微流道的一部分，极大地减小了磨粒与线圈内壁之间的距离，显著提高了传感器的监测灵敏度。实验结果表明：该传感器可成功监测到等效直径为 10μm 的铁磁性颗粒。但由于管径的限制，该传感器最大流量仅为 0.5mL/min，且容易被较大的磨粒堵塞。

微流道结构的磨粒监测传感器通常具备较高的监测灵敏度，可实现直径 5～10μm 铁磁性磨粒的监测。同时，随着微纳加工技术的发展，逐步发展出现"片上实验室"概念，即将磨粒监测系统全部集成于单一芯片上，以实现磨粒监测系统的微型化。

综上，电磁式磨粒监测传感器所采用的结构及原理不尽相同，使得传感器的监测效果呈现明显的差异。不同结构传感器的主要特点如表 1-1 所示。

表1-1 磨粒监测传感器的结构与特点

传感器结构	传感器特点
单线圈式	监测灵敏度低，抗干扰能力差
双线圈式	监测灵敏度较高，抗干扰能力差
平行双螺线管式	抗背景噪声能力差
平行三线圈式	灵敏度较高，抗背景噪声能力强
内外层三线圈式	灵敏度较高，传感器体积较大，抗背景噪声能力差
平面螺旋式	灵敏度较低，磁场均匀性较好，监测结果一致性较高
微流道式	灵敏度高，允许流量小，监测结果一致性较高

单线圈式、双线圈式、平行双螺线管式及内外层三线圈式磨粒监测传感器抗背景噪声能力较弱，颗粒监测结果易受环境干扰的影响；平面螺旋式磨粒监测传感器虽然监测结果一致性较高，但其监测灵敏度比较低；而微流道式磨粒监测传感器虽

具备极高的灵敏度，但其允许流量较小，限制了其在大型机械设备中的应用；而平行三线圈式磨粒监测传感器具备较强的抗背景噪声能力、较高的监测灵敏度且允许流量较大，因此该传感器结构已成为满足大型机械装备磨粒监测的首选传感器结构，但该类传感器监测结果的准确性与一致性受到磨粒运动状态的影响。因此，研究润滑油液中磨粒的运动特性对改善颗粒监测结果的准确性和一致性是至关重要的。

1.2.2　电磁式磨粒在线监测技术存在的问题

磨粒在线监测系统的核心就是传感器部分，电磁式磨粒监测传感器的物理模型通常被简化得较为严重，同时仿真情景也与实际应用中的情况相差较远。这些简化导致研究仅能定性地指导传感器设计，难以提高设计出的传感器的监测灵敏度。电磁式磨粒在线监测技术存在的问题具体阐述如下：

①　目前的研究中所建立的传感器模型，为了简化计算过程，或为了获得电动势信号的解析解，将传感器内部线圈按照多层长直螺线管建模，并以毕奥-萨伐尔定律进行推导，仿真模型的设定也与实际制造中应用的密绕线圈结构存在较大差异。

②　三线圈结构传感器监测磨粒过程的物理本质是传感器产生的交变磁场与磨粒的相互作用。所以，对传感器的改进研究需要重点关注传感器的磁场性质以及磨粒进入磁场后的磁场变化情况。目前的研究中并未对金属颗粒进入交变磁场后的空间磁场变化展开深入研究。

③　已有的研究中拥有较高监测灵敏度的在线监测传感器大多针对微流量（小于100mL/min）场景下的金属磨粒在线监测，难以适用于高速重载大功率传动设备的在线监测传感器系统。

此外，在线测量的效率和精度也是电磁式磨粒在线监测技术的难点。传感器实际应用时受环境中电磁干扰、温度和振动等影响，要求将所获得的数据经过必要的修正、补偿和综合决策，这样就能在较小的时间延迟内实现监测功能。即在较短的时间间隔内完成磨粒参数的采集、处理并给出相应的诊断结论。因此，在线监测的技术要求远高于离线监测，这也是目前制约许多电磁式在线磨粒监测设备成功应用于工程实践的主要原因。

1.2.3　电磁式磨粒在线监测技术的发展趋势

近年来电磁式磨粒在线监测技术虽然得到了长足的发展，但是还有许多没有解决的问题。如监测参数单一，不能全面反映装备的磨损状态；监测结果容易受到其他因素的影响（如润滑油中的杂质、油品的透明度等），测试精度和一致性很难保证。基于上述原因，目前大多数电磁式磨粒在线监测技术还处于实验室研究阶段，并不能完全满足状态监测的技术要求。为了适应机械装备磨粒监测的需要，近年来电磁式磨粒在线监测技术呈现如下发展趋势：

① 对大磨粒的监测能力。机械装备日益向复杂化、大型化、重载化、自动化方向发展，在国防、工业领域扮演着越来越重要的角色，一旦出现故障导致意外停机，伴随而来的往往是严重的损失，甚至是灾难性的事故。复杂机械装备往往工作在大负荷、剧烈振动、恶劣环境下，如果装备润滑油中一旦出现大磨粒，在几个小时甚至是更短的时间内，装备零部件就会出现严重磨损，导致装备发生故障，如轴承损伤最主要的原因就是大磨粒（一般大于 $100\mu m$）。因此，研究在线、全流量、大磨粒监测系统对预防装备严重故障的发生具有重大意义。

② 传感器的小型化和智能化。受机械装备内部空间的限制，传感器存在着安装、布线等问题，这就要求传感器向小型化、智能化方向发展。传感器体积小，即使在测试性差的装备上也能使用。另外，也希望传感器具备信号处理、数据融合、自诊断和潜在的自动推理能力，其最终信息通过无线接口传输到上位机。

③ 多种磨粒信息的融合。传感器应尽可能多地监测磨粒参数，这样才能通过各种磨粒信息的融合，更全面地了解装备的磨损信息，准确判断装备的磨损状态。

本书以电磁式磨粒监测传感器为研究背景，首先分析电磁式磨粒监测机理，建立磨粒磁特性模型，以研究不同形状磨粒的磁特性；其次对磨粒监测传感器输出的影响因素进行分析；然后进行传感器的结构优化，并提出传感器灵敏度提高方法，提高传感器监测的效果。本书通过设计磨粒在线监测模拟实验台与综合传动油液磨粒在线监测实验台，进行磨粒传感器信号测试，验证磨粒监测理论分析模型及磨粒信号变化规律，推进油液磨粒在线监测技术在工业实际的应用。

1.3　本章小结

本章主要针对不同原理、不同结构形式的磨粒在线监测传感器进行综述，分别介绍了光学式、电学式、声学式、磁学式磨粒监测传感器的典型结构、工作原理与典型特征，特别是对电磁式磨粒在线监测技术的研究现状、面临的问题以及发展趋势进行了详细说明。

第**2**章

电磁式磨粒监测
传感器数学建模

针对机械传动装置磨损特征和磨粒分布特点，着重分析磨粒与设备磨损的关系，探究电感式三线圈对磨粒的检测原理，建立磨粒检测磁特性模型和磨粒在线监测传感器的数学模型，分析球体磨粒在静磁场和交变磁场中的磁特性，为之后的传感器输出影响因素分析、传感器结构分析以及传感器的制作奠定理论基础。

2.1　磨粒与设备磨损的关系

2.1.1　磨损失效的磨粒特征

研究表明，可用于表征设备磨损状态的磨粒特征主要包括：颗粒材料特征、颗粒形貌特征及颗粒尺寸特征。根据材料特征的差异，磨粒可分为铁磁性磨粒和非铁磁性磨粒。铁磁性磨粒一般产生于重要传动部件的磨损，如齿轮、轴承、轴等；而非铁磁性磨粒往往产生于铜质和铝质材料制成的滑动轴承及设备壳体的磨损。因此，通过监测润滑油液中不同材料磨粒的数量，可对设备整体的磨损状态进行综合评估。此外，磨损发生部位的压力、温度、摩擦副相对运动速度、接触方式等因素的差异，会导致不同机理的磨损现象的发生，主要包括黏着磨损、磨料磨损、疲劳磨损和腐蚀磨损；同时使得元件磨损过程中产生不同类型的磨粒，主要包括正常滑动磨粒、切削磨粒、球形磨粒、层状磨粒、疲劳剥块、严重滑动磨粒、氧化物颗粒等。由于磨粒产生机理的差异，各类磨粒形状也不尽相同。根据统计，磨粒的形状主要包括：条状、薄片状、螺旋状、椭球状和球状。且研究表明，不同形状的磨粒也表征了不同的磨损机理，磨粒形状与磨损机理的对应关系如表 2-1 所示。

表 2-1　磨粒形状与磨损机理

磨损机理	磨粒形状	磨损形成机制
黏着磨损	条状、薄片状	剪切混合层的疲劳剥落
磨料磨损	月牙状、螺旋状	较硬的表面穿入并切削软表面形成
疲劳磨损	球状、椭球状	表面在交变载荷的作用下产生疲劳裂纹，初始沿法线方向发展，至一定深度后，转而向与表面平行的方向延伸，最终致使表面脱落形成
腐蚀磨损	球状、薄片状	摩擦副润滑严重不足，伴随高温产生

机械设备的磨损程度可分为正常磨损阶段、初期异常磨损阶段和异常磨损阶段。不同磨损阶段中磨粒的粒度大小呈现非常明显的差异，因此可以根据磨粒的粒

度特征直观地描述设备磨损故障的发展程度。设备的磨损程度与磨粒粒度的关系如表 2-2 所示。

表 2−2　磨损程度与磨粒粒度的关系

粒度描述	尺寸范围	磨损程度
小	<20μm	正常磨损
中等	20～100μm	初期异常磨损
大	>100μm	严重磨损和疲劳发生

　　在正常磨损阶段润滑油液中磨粒粒度通常小于 20μm，而当磨损程度逐渐恶化达到初期异常磨损阶段时，润滑油液中开始出现较大粒度的磨粒，其粒度范围一般为 20～100μm。处于初期异常磨损阶段时，设备运行状态并不会发生明显变化，且功能也不会受到大的影响。但该阶段是设备正常运行与发生严重故障的过渡阶段，若在此阶段内对其进行科学的维护与保养，将有效地避免因过度磨损引起严重故障的发生。随着磨损程度的进一步加剧，设备逐步进入异常磨损阶段。此时，设备性能开始出现较明显的下降，且润滑油液中开始出现大量粒度大于 100μm 的磨粒。磨粒粒度的增加直接表明设备零部件开始出现异常损坏，并可能进一步引起润滑系统及液压系统失效等严重机械故障。因此通过对润滑油液中的磨粒粒度及数量分布进行长时间历程的监测及统计分析，能够评估设备的磨损状态，实时地掌握设备的运行状态，预防严重故障的发生，减小因设备维修而产生的直接或间接经济损失。

　　大量实验数据表明，机械装备的失效率随着使用时间的改变而改变。通过对综合传动液压系统中磨粒的实验和理论研究，获得了如表 2-3 所示磨损状态与油液中磨粒粒度的关系。在综合传动装置正常运转状态下，油液中的大部分磨粒粒度小于 20μm；当发生磨损时，磨粒粒度主要集中在 50～160μm，但偶尔会有特大颗粒出现的情况，此时应进行故障预警与诊断。随着磨损状况的加剧，磨粒尺寸会持续增加，尺寸超过 160μm 的磨粒增多，且磨粒表面呈现不规则形态，此时应考虑停机维护。由此可以通过测量磨粒的尺寸、统计磨粒数目来实现磨损的早期预测。

表 2-3　磨损状态与磨粒粒度的关系

粒度类别	尺寸	磨损状态
极小	<5μm	无磨损
小	<30μm	正常磨损
中等	<100μm	疲劳磨损
大	>100μm	严重磨损和疲劳发生

2.1.2 磨损失效的磨粒种类

磨粒主要是由设备传动机构之间摩擦或挤压而产生的表层破坏而形成的，所以磨粒的材料组成和传动机构的主要成分相同，由于已知传动机构材料成分，通过分析润滑油中磨粒成分可以有效推断磨损发生的位置。以综合传动装置为例，其传动元件种类较多，容易发生磨损的位置所含元素各异，主要传动元件的代表元素如下：离合器内齿摩擦片——Cu（铜）、Pb（铅），外齿钢片——Fe（铁）、Mn（锰）；传动齿轮——Fe、Cr（铬）、Ni（镍）；离合器齿轮——Fe、Cr；汇流行星排齿轮——Fe。由此可以看出，在磨粒中最为常见的为 Fe 元素，Cu 元素的磨粒主要由离合器摩擦片产生。

综上可得，几乎所有的摩擦副都包含铁（Fe），但是不同的摩擦副含量有差异。油液中铁颗粒浓度变化可以反映综合传动装置大多数摩擦副的磨损状况，所以可以将铁颗粒的当量直径、浓度变化作为判断摩擦副磨损程度的理论依据。铜（Cu）是表征换挡离合器磨损状况的重要元素，可以用于对其磨损程度进行推断。

铁和铜是磁介质，由于磁场的作用，本身电磁学性质发生变化且能影响原有磁场分布。根据磁介质分子电流理论与磁荷理论，任何介质在磁场中都会发生变化，并且会影响原磁场，因此任何介质都可以称为磁介质，两种理论所建立的微观模型不同，但宏观结果完全一致。本书只研究磁介质的宏观表现，对于微观变化不做研究，所以上述两种理论的微观差异对研究没有影响。

大量实验表明，磁介质可以根据不同的磁特性分为顺磁质、抗磁质和铁磁质。这三种磁介质的相对磁导率有着较大的差异，几种代表性的顺磁、抗磁和铁磁材料的相对磁导率如表 2-4 所示。由表可知：顺磁性与抗磁性材料的相对磁导率都较小，而不同铁磁性材料的相对磁导率从几百到几万不等。所以当铁磁性材料受到磁场影响时，会对原有磁场产生显著影响，为电感式磁粒在线监测传感器实现对铁磁性材料的高精度检测提供了理论依据。但由于非铁磁质的材料对传感器中的磁场影响要远小于铁磁质材料，目前传感器对非铁磁质材料的检测精度还难以达到所需水平，目前的研究主要以铁磁性颗粒为主。

表 2-4 不同材料的相对磁导率

种类	抗磁材料		顺磁材料	铁磁材料
名称	铜	银	铝	铁
相对磁导率	0.99990	0.999974	1.000022	200~20000
名称	汞	铅	铂	镍
相对磁导率	0.999971	0.999982	1.00026	1100~60000

2.2 磨粒检测磁特性建模

2.2.1 单磨粒磁特性建模分析

润滑油液中存在的不同材质的金属磨粒都会在交变磁场中被不同程度地磁化，磁化后会对原来的交变磁场产生影响，破坏传感器内部磁场的平衡状态。目前，国内外的研究大多基于静态或准静态磁场进行建模，因此无法对磨粒在交变磁场内的磁化情况做出准确判断，而且对于针对非铁磁性磨粒的模型较少。针对上述问题，建立考虑磨粒内部感应电流的磁化模型。当金属颗粒处于中低频（磁场频率$f{\leqslant}1MHz$）交变磁场中时，磁场频率会使磨粒产生两种效果：

① 磨粒在交变磁场作用下产生涡流效应，从而抑制线圈电感增强；

② 磁场会改变磨粒的复数磁导率。

铁磁金属在交变磁场中表现为复数磁导率，由不同磁介质的磁导率谱可知：当交变磁场频率$f{\leqslant}1MHz$时，磁介质复数磁导率的实部在静态场下表示该磁介质的相对磁导率，且其虚部为0；当交变磁场频率$1MHz{<}f{\leqslant}5MHz$时，磁导率实部与虚部基本没有变化；当交变磁场频率$f{>}5MHz$时，随着频率的变化复数磁导率的计算非常复杂。若所研究的磨粒磁化所在的交变磁场频率在1MHz以下，计算过程可以忽略复数磁导率虚部的影响，只研究磨粒涡流效应的影响，且假设金属磨粒的相对磁导率和电导率均为实常数。

交变磁场中任意一点的标量场和矢量场均是关于时间和空间的函数，交变矢量场u的一般表达式为：

$$
\begin{aligned}
u = u(r,t) &= \mathrm{Re}\left(u_m(r)\mathrm{e}^{\mathrm{j}\omega(t+\varphi_0)}\right) \\
&= \mathrm{Re}\left(\left[u_x(r)\mathrm{e}_x + u_y(r)\mathrm{e}_y + u_z(r)\mathrm{e}_z\right]\mathrm{e}^{\mathrm{j}\omega(t+\varphi_0)}\right)
\end{aligned} \tag{2-1}
$$

式中，u_x、u_y和u_z为矢量场三个分量的标量函数；$\mathrm{e}^{\mathrm{j}\omega(t+\varphi_0)}$项为交变因子，包含矢量场初始相位和角频率等时变特性。

将一般麦克斯韦方程组拓展到交变磁场中，得到如式（2-2）所示复数形式的麦克斯韦方程组。该方程组所满足的本构方程的矢量形式如式（2-3）所示，以及磁矢势的矢量形式如式（2-4）所示。

$$
\begin{aligned}
\nabla \times \boldsymbol{H} &= \boldsymbol{J} + \mathrm{j}\omega\boldsymbol{D} \\
\nabla \times \boldsymbol{E} &= -\mathrm{j}\omega\boldsymbol{B} \\
\nabla \cdot \boldsymbol{B} &= 0 \\
\nabla \cdot \boldsymbol{D} &= \rho
\end{aligned} \tag{2-2}
$$

$$D = \varepsilon_r \varepsilon_0 E$$
$$B = \mu_r \mu_0 H \qquad (2\text{-}3)$$
$$J = \sigma E$$

$$B = \nabla \times A \qquad (2\text{-}4)$$

式中，H 为磁场强度；D 为复矢量形式的电位移；E 为电场；B 是磁感应强度；J 为总的电流密度；A 为磁矢势；ρ 为总的电荷密度；ε_r 是相对介电常数；ε_0 为真空介电常数；σ 为电导率；μ_r 为相对磁导率；μ_0 是真空磁导率，计算时取 $\mu_0 = 4\pi \times 10^{-7} \text{H/m}$；j 为虚数单位。

忽略所有的位移电流，为确定磁矢势 A，根据洛伦兹条件，得到：

$$\nabla \cdot A + \mu_0 \varphi = 0 \qquad (2\text{-}5)$$

磁矢势 A 满足的交变场波动方程为：

$$\nabla^2 A + k^2 A = 0 \qquad (2\text{-}6)$$

式中，$k^2 = -j\omega \mu_r \mu_0 \sigma$；$\omega$ 为线圈中交变电流的角频率。为方便描述，省略复矢量上的标记。交变场波动方程的解即为交变场矢量表达式。

在金属磨粒磁化模型中，设金属球形磨粒的半径为 r_a，将其置于瞬时均匀且方向一致的交变磁场 B_x 中。以球心为坐标原点 O，极轴 Z 平行于交变磁场方向 B_x，根据模型特点，建立球坐标系 (R, Θ, Φ)，如图 2-1 所示。

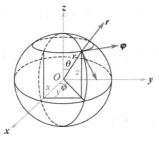

为了简化模型的复杂程度，在保证模型准确性的前提下，对于本模型做出如下几点假设：

① 将磨粒视为电导率均匀的导体，磨粒以外空间视为绝缘；

② 磨粒以外空间，包括线圈基体、传感器外壳、油液等，其相对磁导率均为 1，磨粒可视为位于无限大真空中，磨粒为磁矩无关取向且磁导率均匀；

③ 磨粒在通过传感器线圈内部流动切割磁感线引起的位移电流远远小于交变磁场引起的内部涡流，因此忽略磨粒内部位移电流的影响。

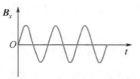

图 2-1　球形金属磨粒磁化模型

根据以上假设，球坐标系中任意一点磁矢势 A 的分量形式可以表示为：

$$A = A_r e_r + A_q e_q + A_j e_j \qquad (2\text{-}7)$$

球坐标系中的拉普拉斯算子为：

$$\nabla^2 \boldsymbol{A} = \left\{ \nabla^2 A_r - \frac{2}{r^2} \left[A_r + \frac{1}{\sin\theta} \times \frac{\partial(\sin\theta A_\theta)}{\partial\theta} + \frac{1}{\sin\theta} \times \frac{\partial A_\varphi}{\partial\varphi} \right] \right\} \boldsymbol{e}_r$$

$$+ \left\{ \nabla^2 A_\theta + \frac{2}{r^2} \left(\frac{\partial A_r}{\partial\theta} - \frac{A_\theta}{2\sin^2\theta} - \frac{\cos\theta}{\sin^2\theta} \times \frac{\partial A_\varphi}{\partial\varphi} \right) \right\} \boldsymbol{e}_\theta \qquad (2\text{-}8)$$

$$+ \left\{ \nabla^2 A_\varphi + \frac{2}{r^2\sin\theta} \left(\frac{\partial A_r}{\partial\varphi} + \frac{\cos\theta}{\sin\theta} \times \frac{\partial A_\theta}{\partial\varphi} - \frac{A_\varphi}{2\sin\theta} \right) \right\} \boldsymbol{e}_\varphi$$

因为所研究的是球坐标系中的轴对称交变场分布，所以磁矢势 $\boldsymbol{A}$ 仅有周向分量 $\boldsymbol{A}_\varphi$，即 $A_r = A_\theta = 0$。周向分量不随 φ 角度而变化，即 $\partial A_\varphi / \partial\varphi = 0$，所以为了简化表示，$\boldsymbol{A}$ 表示其周向分量 $\boldsymbol{A}_\varphi$。在磨粒内部 $(r \leqslant r_{\mathrm{a}})$ 任何一点 (r, θ, φ)，磁矢势都满足球坐标中磁矢势的约束方程：

$$\nabla^2 A + \left(k^2 - \frac{1}{r^2\sin^2\theta} \right) A = 0 \qquad (2\text{-}9)$$

在磨粒外部空间 $(r > r_{\mathrm{a}})$ 电导率 $\sigma = 0$，即 $k = 0$。因此磨粒外部空间 $(r > r_{\mathrm{a}})$ 的磁矢势分布满足：

$$\nabla^2 A - \frac{A}{r^2\sin^2\theta} = 0 \qquad (2\text{-}10)$$

利用分离变量法可以求得式（2-9）和式（2-10）的通解分别为：

$$A = \sum_{n=1}^{\infty} \left[C_{1n} j_n(kr) + C_{2n} y_n(kr) \right] P_n \cos\theta, 0 \leqslant r < r_{\mathrm{a}} \qquad (2\text{-}11)$$

$$A = \sum_{n=1}^{\infty} \left[C_{3n} r^n + C_{4n} r^{-n-1} \right] P_n \cos\theta, r \geqslant r_{\mathrm{a}} \qquad (2\text{-}12)$$

式中，$n = 1, 2, 3, \cdots$；C_{1n}、C_{2n}、C_{3n}、C_{4n} 为四个待定系数；P_n 为 n 阶伴随勒德函数；函数 j_n 和 y_n 分别为第一类和第二类 n 阶球贝塞尔函数。上述计算表达式同时满足以下条件：磨粒球心处的磁矢势 $\boldsymbol{A}$ 有界，如式（2-13）所示；磨粒界面上的磁矢势函数连续，如式（2-14）所示；无穷远处磁场的大小、方向都与外界磁场相同，如式（2-15）所示；磁感应强度法向连续，如式（2-16）所示；磁场强度切向连续，如式（2-17）所示。

$$\left. |\boldsymbol{A}| \right|_{r \to 0} < \infty \qquad (2\text{-}13)$$

$$\left. \boldsymbol{A} \right|_{r \to r_{\mathrm{a}}^-} = \left. \boldsymbol{A} \right|_{r \to r_{\mathrm{a}}^+} \qquad (2\text{-}14)$$

$$\left. \boldsymbol{B} \right|_{r \to \infty} = \boldsymbol{B}_0 \qquad (2\text{-}15)$$

$$\left. \boldsymbol{B}_n \right|_{r \to r_{\mathrm{a}}^+} = \left. \boldsymbol{B}_n \right|_{r \to r_{\mathrm{a}}^-} \qquad (2\text{-}16)$$

$$\left. \boldsymbol{H}_{\mathrm{t}} \right|_{r \to r_{\mathrm{a}}^+} = \left. \boldsymbol{H}_{\mathrm{t}} \right|_{r \to r_{\mathrm{a}}^-} \qquad (2\text{-}17)$$

由于第二类球贝塞尔函数 y_n 在 $r = 0$ 处发散，可知 n 为任何正整数时，都有

$C_{2n} = 0$ 。由此可知在球坐标下，磁感应强度 $\boldsymbol{B}$ 可以表示为：

$$\boldsymbol{B} = \nabla \times \boldsymbol{A} = \left(\frac{\boldsymbol{A}\cot\theta}{r} + \frac{\partial \boldsymbol{A}}{r\partial\theta} \right) e_r - \left(\frac{\boldsymbol{A}}{r} + \frac{\partial \boldsymbol{A}}{r\partial r} \right) e_\theta \tag{2-18}$$

因此可得：

$$\boldsymbol{A} = \begin{cases} \dfrac{\boldsymbol{B}_0\sin\theta}{2} \times \dfrac{3r_a\mu_r j_1(kr)}{(\mu_r - 1)j_1(kr_a) + \sin(kr_a)}, & 0 \leqslant r < r_a \\[3mm] \dfrac{\boldsymbol{B}_0\sin\theta}{2r^2} \left[\dfrac{3r_a^3\mu_r j_1(kr_a)}{\sin(kr_a) + (\mu_r - 1)j_1(kr_a)} - r_a^3 + r^3 \right], & r \geqslant r_a \end{cases} \tag{2-19}$$

上式为交变磁场内的金属球形磨粒在全空间磁矢势场的分布，若空间中无磨粒，则令相对磁导率为 1，电导率为 0，使磨粒界面内磁特性和导电特性无差别，则全空间的磁矢势可表示为：

$$\boldsymbol{A}' = \boldsymbol{A}'|_{\mu \to 0} = \frac{1}{2}\boldsymbol{B}_0 r\sin\theta, r \geqslant r_a \tag{2-20}$$

磨粒引起的全空间磁矢势变化 $\Delta\boldsymbol{A}$ 为有磨粒磁矢势分布 $\boldsymbol{A}$ 与无磨粒时分布 $\boldsymbol{A}'$ 之差，磨粒外部空间的磁矢势变化将会影响检测线圈的阻抗变化，一阶球贝塞尔函数展开如式（2-21）所示，式中 $j_1(kr) = \dfrac{\sin(kr)}{(kr)^2} - \dfrac{\cos(kr)}{kr}$ 。

$$\Delta\boldsymbol{A} = \boldsymbol{A} - \boldsymbol{A}' = \begin{cases} \dfrac{1}{2}\boldsymbol{B}_0\sin\theta \left[\dfrac{3a\mu_1(kr)}{(\mu_r - 1)j_1(k_2) + \sin(kr_2)} - r \right], & 0 \leqslant r < r_2 \\[3mm] -\dfrac{r_2^3\boldsymbol{B}_0\sin\theta}{2r^2} \times \dfrac{(2\mu_2 + 1)j_1(k_n) - \sin(k_2)}{(\mu_y - 1)j_1(kr_2) + \sin(kr_n)}, & r \geqslant r_2 \end{cases} \tag{2-21}$$

磨粒外部磁矢势 $\Delta\boldsymbol{A}$ 可表示为：

$$\Delta\boldsymbol{A} = \boldsymbol{B}_0 K_P \frac{\sin\theta}{r^2} \tag{2-22}$$

式中，K_P 为包含若干参数的多项式，具体形式如下：

$$K_P = \frac{r_a^3}{2} \times \frac{(-k^2 r_a^2 + 2\mu_r + 1)\sin(kr_a) - kr_a(2\mu_r + 1)\cos(kr_a)}{(k^2 r_a^2 + \mu_r - 1)\sin(kr_a) - kr_a(\mu_r - 1)\cos(kr_a)} \tag{2-23}$$

式（2-22）中，$\Delta\boldsymbol{A}$ 为磨粒在交变磁场作用下对磨粒外部磁场产生的影响，即引起整个磁场磁矢势的改变量。磨粒外部磁矢势分布可以认为由磨粒中心处向外发散。K_P 为复数，称作磨粒在交变磁场中的磁化因子，包含了励磁源频率 f、磨粒尺寸 r 以及磨粒的电磁属性等因素。式（2-22）中，只有系数 K_P 包含与金属磨粒属性有关的参数，其中的其他参数皆为外部参数与工作参数。所以不同种类金属磨粒的磁化情况只与系数 K_P 有关。下面对不同属性的金属磨粒的磁矢势分布规律 $\Delta\boldsymbol{A}$ 与系数

K_p 进行仿真计算。

将金属磨粒对磨粒外部磁矢势影响的计算公式导入 MATLAB 进行仿真计算。其中，铁磨粒磁化场仿真参数的选取如表 2-5 所示。铁磨粒外部磁矢势分布规律如图 2-2 所示，在铁磨粒外表面处磁感应强度为 5×10^{-5} T。随着距离的增加，磨粒的磁化场急剧减弱，当距离球心 0.6mm 时，磁感应强度接近 0，磨粒磁化场对外部磁场的影响可忽略不计。将铜的电导率 $\sigma = 5.9 \times 10^7 \text{S/m}$ 代入式（2-23）进行 MATLAB 仿真计算。铜磨粒外部磁矢势分布规律如图 2-3 所示：铜磨粒引起的外部磁场强度约为同等粒径铁颗粒的 1/50。这一点解释了为何同等尺寸的铜磨粒的检测难度要远远大于铁颗粒。目前在线监测传感器的铁磨粒检测精度约为铜磨粒的两倍。铜磨粒外部磁矢势分布规律与铁磨粒相同：磁场从磨粒表面向外部急剧减小，当距离球心 0.6mm 时，磁感应强度接近 0，磨粒磁化场对外部磁场的影响可忽略不计。

表 2-5　铁磨粒磁化场仿真参数

空气磁导率 μ_0	铁的相对磁导率 μ_r	电流频率 f / kHz	铁的电导率 σ	磨粒半径 r_a / μm
4×10^{-7}	400	107	9.93×10^6	100

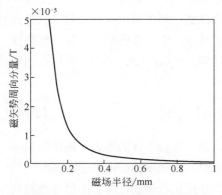

图 2-2　铁磨粒外部磁矢势分布规律

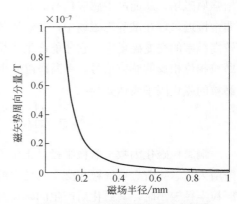

图 2-3　铜磨粒外部磁矢势分布规律

K_p 是金属磨粒在交变磁场中的一个包含励磁频率、磨粒尺寸与磁化属性的一个参数，将其称为金属磨粒的磁化因数。其值的变化将会影响金属磨粒磁化后的电抗，进而影响感应线圈对于磨粒的检测精度。铁磨粒与铜磨粒的半径与磁化因数 K_p 的关系分别如图 2-4 与图 2-5 所示。当磨粒半径在 $50 \sim 200 \mu m$ 之间变化时，铁磨粒的磁化因数随磨粒半径增加较快；而对于铜磨粒，磁化因数在磨粒半径小于 $150 \mu m$ 时变化缓慢，当磨粒半径超过 150μm 后，磁化因数随磨粒半径快速增长。通过对比磁化因数 K_P 曲线也可以看出铜磨粒的检测难度远远大于铁磨粒，这是因为磨粒尺寸较小时磁化因数 K_P 变化缓慢。

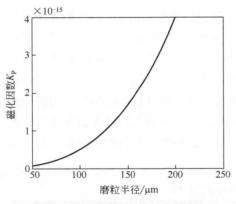

图 2-4　磁化因数与铁磨粒半径的关系　　　　图 2-5　磁化因数与铜磨粒半径的关系

对于铁磁性金属磨粒，其相对磁导率 $\mu_r \gg 1$，所以当其受到交变磁场作用时会增强原磁场，从而产生感应信号。而非铁磁性金属磨粒，以铜为例，其相对磁导率非常接近 1，在准静态磁场中，其涡流效应非常微弱，所以难以被检测到。只有在较高频率的交变磁场中，它才能产生明显的涡流效应，弱化原磁场，产生与铁磁性磨粒相位相反的感应信号。将铜磨粒的相对磁导率 $\mu_r = 1$ 代入式（2-23）可以得到铜磨粒的磁化因子表达式为：

$$K_P = -\frac{1}{2}\left[r_a^3 + \frac{3r_a^2}{k}\cot(kr_a) - \frac{3r_a}{k^2}\right] \tag{2-24}$$

铜磨粒磁化因数与磨粒半径呈正相关关系，随着磨粒半径的增大，磁化因数显著增大，意味着金属磨粒在交变磁场内被磁化后对周围磁场的影响增强。同时，当磨粒半径较小时，其磁化后产生的磁场对源磁场作用比较微弱，对于小尺寸磨粒的检测难度显著增大。

对铁磁性磨粒内部及周围磁感应强度进行仿真计算，结果如图 2-6 所示。由图可见，静磁场中磨粒内部的磁感应强度分布均匀，磨粒内部磁感应强度约为 7.48mT（背景磁感应强度为 2.5mT）。同时由于散射磁场的作用，磨粒周围空气域中的磁感应强度分布发生改变，因此，磨粒引起的磨粒监测传感器内的磁场扰动由磨粒内部的磁感应强度变化以及磨粒周围空气域中的磁感应强度变化共同构成。

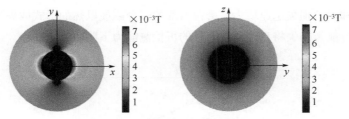

图 2-6 静磁场中磁感应强度分布

不同频率的交变磁场下，图 2-7（a）为磨粒周围沿传感器轴向磁感应强度分布，图 2-7（b）为磨粒周围沿传感器径向磁感应强度分布。可见磨粒内的磁感应强度分布与背景磁场频率紧密相关。在低频磁场下，磨粒内部磁感应强度分布均匀，此时可用静态磁化模型进行近似表征。但在本研究中传感器内磁场频率选择 107kHz，磨粒通过传感器内部时，由于传感器内高频交变磁场的作用，使得磨粒内磁感应强度分布不均匀。磨粒中心磁感应强度逐步趋于零，而表面磁感应强度则迅速变大。

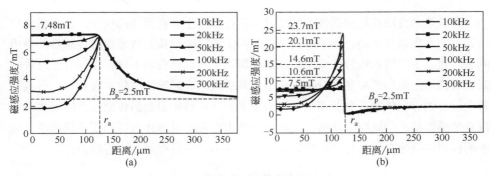

图 2-7 交变磁场下球体磨粒磁感应强度分布

磨粒内部及周围空气域中的磁感应强度的重新分布，将导致传感器内局部磁场的磁能变化：

$$\Delta W_{c} = \Delta W_{p} + \Delta W_{a} = \frac{1}{2}\int \frac{\Delta \boldsymbol{B}^{2}}{\mu_{r}\mu_{0}}\mathrm{d}V_{p} + \frac{1}{2}\int \frac{\Delta \boldsymbol{B}^{2}}{\mu_{0}}\mathrm{d}V_{a} \tag{2-25}$$

式中，ΔW_{c} 为磨粒局部磁场的总磁能变化；ΔW_{p} 为磨粒引起的磁能变化；ΔW_{a} 为磨粒周围空气域的磁能变化；V_{p} 为可磨粒体积；V_{a} 为磨粒周围空气域的体积。

球体磨粒引起的传感器内局部磁场的磁能变化如图 2-8 所示，在有效频率低于 0.3kHz 时，磨粒引起的磁能变化几乎保持不变。而随着有效场频率的增加，磨粒引起的局部磁场的磁能变化快速下降。这意味着有效场频率的增加，使得磨粒内产生的磁滞损失和涡流损失迅速增大，磨粒内部的部分磁能以热的形式散失到了润滑油液中。此部分能量损失将直接导致磨粒的可检测能力下降。

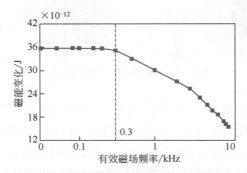

图2-8　球体磨损颗粒引起的局部磁场的磁能变化

2.2.2　多磨粒磁特性建模分析

磨粒随润滑油在机械系统中运动时，往往会发生磨粒聚集的现象，即多颗磨粒以较近的距离同步运动。为了研究多磨粒同步通过磨粒监测传感器时传感器的输出响应，建立了双磨粒磁特性模型。该模型研究了两颗磨粒以不同间距同时通过传感器时磨粒周围的磁感应强度分布。模型中两等大的金属球体磨粒半径为r_a，将其放置于沿x轴方向的背景交变磁场中。为了求解球体磨粒引起的传感器内磁场扰动，以及传感器输出的感应电动势，采用麦克斯韦方程组对球体磨粒内部及周围空气域中的磁感应强度分布进行了研究和计算。微分形式的麦克斯韦方程组为：

$$\nabla \times \boldsymbol{H} = \boldsymbol{J} + \frac{\partial \boldsymbol{D}}{\partial t}$$

$$\nabla \times \boldsymbol{E} = -\frac{\partial \boldsymbol{B}}{\partial t}$$

$$\nabla \cdot \boldsymbol{B} = 0$$

$$\nabla \cdot \boldsymbol{D} = \rho$$

（2-26）

式中，$\boldsymbol{H}$ 为磁场强度；$\boldsymbol{D}$ 为复矢量形式的电位移；$\boldsymbol{E}$ 为电场；$\boldsymbol{B}$ 为磁感应强度；$\boldsymbol{J}$ 为总的电流密度；ρ 为总的电荷密度。

高频磁场下磨粒内部会产生较强的涡流效应，该效应使得磨粒磁感应强度分布不均匀，同时产生涡流损耗。库仑规范下，麦克斯韦方程组可推导至三维涡流场微分方程：

$$\sigma \frac{\partial \boldsymbol{A}}{\partial t} + \nabla \times \left(\mu_0^{-1} \mu_r^{-1} \nabla \times \boldsymbol{A} \right) = 0$$

（2-27）

式中，$\boldsymbol{A}$ 为磁矢势；σ 为电导率；μ_r 为相对磁导率；μ_0 是真空磁导率，计算时

取 $\mu_0 = 4\pi \times 10^{-7} \mathrm{H/m}$ 。

传感器励磁信号为正弦信号，因此传感器内各磁场参数均可具有正弦特征，故传感器内磁矢势满足：

$$A = A\mathrm{e}^{\mathrm{j}\omega t}$$
$$\frac{\partial A}{\partial t} = \mathrm{j}\omega A \tag{2-28}$$

此时，三维涡流方程可推广至时谐磁场涡流方程：

$$\mathrm{j}\omega\sigma A + \nabla \times \left(\mu_0^{-1} \mu_\mathrm{r}^{-1} \nabla \times A \right) = 0 \tag{2-29}$$

通过矢量分析理论可知：

$$\nabla \times \left(\mu_0^{-1} \mu_\mathrm{r}^{-1} \nabla \times A \right) = \frac{1}{\mu}\left[\left(\frac{\partial^2 A_y}{\partial x \partial y} - \frac{\partial^2 A_x}{\partial y^2} \right) - \left(\frac{\partial^2 A_x}{\partial z^2} - \frac{\partial^2 A_z}{\partial x \partial z} \right) \right] e_x$$
$$+ \frac{1}{\mu}\left[\left(\frac{\partial^2 A_z}{\partial z \partial y} - \frac{\partial^2 A_y}{\partial z^2} \right) - \left(\frac{\partial^2 A_y}{\partial x^2} - \frac{\partial^2 A_x}{\partial x \partial y} \right) \right] e_y \tag{2-30}$$
$$+ \frac{1}{\mu}\left[\left(\frac{\partial^2 A_x}{\partial z \partial x} - \frac{\partial^2 A_z}{\partial x^2} \right) - \left(\frac{\partial^2 A_z}{\partial y^2} - \frac{\partial^2 A_y}{\partial z \partial y} \right) \right] e_z$$

因此，时谐磁场中三维涡流方程可简化为方程组：

$$\mathrm{j}\omega\sigma A_x + \frac{1}{\mu}\left[\left(\frac{\partial^2 A_y}{\partial x \partial y} - \frac{\partial^2 A_x}{\partial y^2} \right) - \left(\frac{\partial^2 A_x}{\partial z^2} - \frac{\partial^2 A_z}{\partial x \partial z} \right) \right] = 0$$
$$\mathrm{j}\omega\sigma A_y + \frac{1}{\mu}\left[\left(\frac{\partial^2 A_z}{\partial z \partial y} - \frac{\partial^2 A_y}{\partial z^2} \right) - \left(\frac{\partial^2 A_y}{\partial x^2} - \frac{\partial^2 A_x}{\partial x \partial y} \right) \right] = 0 \tag{2-31}$$
$$\mathrm{j}\omega\sigma A_z + \frac{1}{\mu}\left[\left(\frac{\partial^2 A_x}{\partial z \partial x} - \frac{\partial^2 A_z}{\partial x^2} \right) - \left(\frac{\partial^2 A_z}{\partial y^2} - \frac{\partial^2 A_y}{\partial z \partial y} \right) \right] = 0$$

对于球体磨粒而言，磨粒内部的磁矢势分布具有对称性，且满足：

$$A_x = 0$$
$$\frac{\partial A_x}{\partial x} = \frac{\partial A_y}{\partial x} = \frac{\partial A_z}{\partial x} = 0 \tag{2-32}$$

时谐磁场中的三维涡流方程组可简化至二维，二维涡流场微分方程为：

$$\mathrm{j}\omega\sigma A_y + \frac{1}{\mu}\left(\frac{\partial^2 A_z}{\partial z \partial y} - \frac{\partial^2 A_y}{\partial z^2} \right) = 0$$
$$\mathrm{j}\omega\sigma A_z - \frac{1}{\mu}\left(\frac{\partial^2 A_z}{\partial y^2} - \frac{\partial^2 A_y}{\partial z \partial y} \right) = 0 \tag{2-33}$$

此时，交变磁场中磨粒内部及周围的磁矢势分布可采用二维有限元方法进行仿真计算。由于磨粒在交变磁场中时，磨粒内部及周围空气域的磁场均会发生改变，因此在二维磨粒磁特性模型中，包含球体金属磨粒以及周围空气域两部分。其中，金属磨粒半径设置为 r_a，周围空气域半径为 r_b，经过仿真分析可知，当周围空气域半径 $r_b=3r_a$ 时，计算结果即可满足计算精度的要求。

在求解磨粒内部及周围空气域的磁场分布时，上述需满足一定的本构方程及边界条件，设磨粒所处位置的背景磁感应强度为 B_p，则背景磁矢势为：

$$\boldsymbol{A}_b = \begin{bmatrix} \boldsymbol{A}_x \\ \boldsymbol{A}_y \\ \boldsymbol{A}_z \end{bmatrix} \begin{bmatrix} \boldsymbol{e}_x & \boldsymbol{e}_y & \boldsymbol{e}_z \end{bmatrix} = \cos(\omega t) \begin{bmatrix} 0 \\ 0 \\ \boldsymbol{B}_p y \end{bmatrix} \begin{bmatrix} \boldsymbol{e}_x & \boldsymbol{e}_y & \boldsymbol{e}_z \end{bmatrix} \tag{2-34}$$

由上述方程可知，材料相对磁导率是影响磨粒内部及周围磁场分布的重要参数，对于磨粒周围空气而言，其相对磁导率为 1。而交变磁场下铁磁性磨粒会产生较强的磁滞和涡流效应，并产生磁滞和涡流损耗，为了准确地计算交变磁场下磨粒的磁特性，铁磁性磨粒磁导率采用复数形式。在交变磁场下，铁磁性材料的动态磁滞回线如图 2-9 所示。由图可知，弱交变磁场下，材料的动态磁滞回线近似成椭圆形，因此表明铁磨粒的磁感应强度和磁场强度均具有正弦特征，且二者存在一定的相位差，如式（2-35）所示。

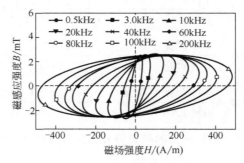

图 2-9　铁磨粒的动态磁滞回线

$$\begin{aligned} \boldsymbol{H} &= \boldsymbol{H}_m \sin(\omega t) \\ \boldsymbol{B} &= \boldsymbol{B}_m \sin(\omega t - \delta) \end{aligned} \tag{2-35}$$

因此，铁材料的复相对磁导率为：

$$\mu_r = \mu' + \mu'' = \frac{\boldsymbol{B}}{\mu_0 \boldsymbol{H}} = \frac{B_m}{\mu_0 H_m}(\cos\delta - \mathrm{j}\sin\delta) \tag{2-36}$$

式中，H_m、B_m 分别为磁场强度 $\boldsymbol{H}$ 和磁感应强度 $\boldsymbol{B}$ 的最大值；δ 为两者之间

的相位差。

通过上述方程，对双球体磨粒内部及周围的磁感应强度分布进行仿真计算。在不同频率的磁场中，不同距离双磨粒系统磁感应强度分布如图 2-10 所示。其中图 2-10(a)~(c) 分别描述了静磁场中，磨粒间距分别为 0.4r、0.8r 及 1.6r 时双磨粒系统的磁感应强度分布；图 2-10(d)~(f) 分别描述了频率为 200kHz 的交变磁场中，磨粒间距分别为 0.4r、0.8r 及 1.6r 时双磨粒系统的磁感应强度分布。可见双磨粒系统中两磨粒间产生了明显的磁耦合效应，该效应使得在两磨粒中间磁感应强度远大于磨粒两侧的磁感应强度分布。随着两磨粒间距的增加，两磨粒间耦合效应逐渐减弱并最终消失，此时两磨粒间的磁感应强度分布将互不干扰。

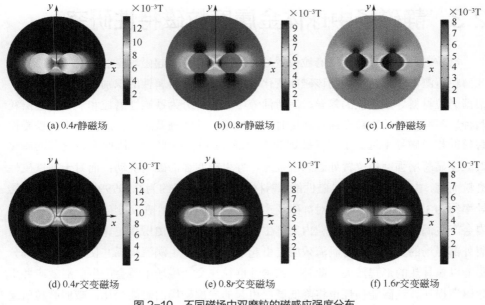

(a) 0.4r静磁场   (b) 0.8r静磁场   (c) 1.6r静磁场

(d) 0.4r交变磁场   (e) 0.8r交变磁场   (f) 1.6r交变磁场

图 2-10   不同磁场中双磨粒的磁感应强度分布

双磨粒系统中磁感应强度详细分布如图 2-11 所示。图 2-11(a)、(b) 分别描述了两磨粒间距为 0.4r 及 1.6r 时磨粒系统中磁感应强度 B 的分布状况。由图可见，随着磁场频率的逐渐增加，磨粒内部涡流效应逐渐增强，使得两磨粒中心处磁感应强度逐渐趋于 0，同时两磨粒间的磁感应强度明显变大。当两磨粒间距为 0.4r 及 1.6r 时，两磨粒间磁感应强度达到为 14mT 和 8.2mT，而两磨粒外侧表面磁感应强度峰值仅为 7.5mT 和 4.1mT。

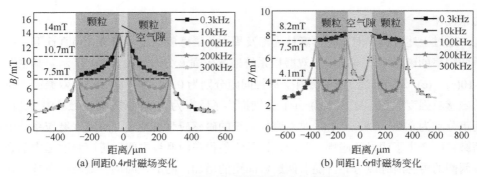

(a) 间距0.4r时磁场变化   (b) 间距1.6r时磁场变化

图 2-11　不同磁场中双磨粒的磁感应强度详细分布

2.3　静磁场中球体金属磨粒磁特性研究

磨粒通过磁场时会改变磨粒位置处磁场分布，并引起磁场磁能发生变化。电磁式磨粒监测传感器通过检测该磁能变化可实现磨粒材料属性的识别和粒度的估计。根据磨粒材料导磁性能的差异，润滑油液中磨粒可分为铁磁性磨粒和非铁磁性磨粒两种。不同材料的磨粒在通过磁场时会产生不同的物理效应。在静磁场中，铁磁性磨粒的相对磁导率远大于 1（碳钢的相对磁导率 $\mu_r \approx 100$），因此磨粒内部的磁化效应会显著增强磨粒位置处磁感应强度，并引起明显的磁场扰动；而对于非铁磁性磨粒而言，由于其较弱的导磁性能（铜材料相对磁导率约为 0.99999，铝材料相对磁导率约为 1.000022），难以对静磁场产生可观测的影响。在交变磁场中，金属磨粒内会产生涡流效应，即在磨粒内部产生闭合感应电流。由楞次定律可知该电流会阻碍外部磁场的变化，同时涡流效应会引起磨粒内部产生涡流损耗并使磨粒内的部分磁能以焦耳热的形式散失。此外，铁磁性磨粒在交变磁场中还会产生磁滞效应并引起磁滞损耗。该磁能损耗也将降低磨粒引起的局部磁场的磁能变化，减弱磨粒引起的磁场扰动程度。润滑油液中磨粒的形状是复杂的，为了简化研究过程，研究者通常采用同体积等效方法将任意形状的磨粒均等效为球体磨粒。因此研究球体金属磨粒磁特性可为后续不同形状磨粒对磁场的扰动、多磨粒间磁耦合效应以及磨粒在磁流场中的运动情况等的研究奠定基础。

2.3.1　静磁场中铁磁性球体磨粒磁感应强度分布研究

磁性磨粒广泛存在于机械系统润滑油液中。为了研究铁磁性磨粒对外磁场产生的扰动，本节建立了静磁场中铁磁性球体磨粒磁化模型，如图 2-12 所示。该模型中磨粒被视为由各向同性且磁导率均匀的材料构成，磨粒半径为r_a，背景磁场磁感应强度为$\boldsymbol{B}_0$（匀强磁场），磁感应强度方向沿z轴方向。

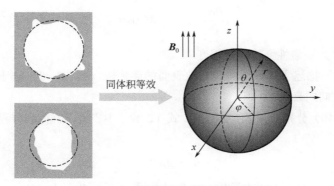

图 2-12 等效的球体磨粒磁化模型

在静磁场中，铁磁性磨粒的磁化效应会同时引起磨粒内部及磨粒周围空气中的磁感应强度分布发生变化，且两部分磁场变化将共同导致磨粒位置处磁场产生磁能扰动。为了计算铁磁性球体磨粒在静磁场中的磁感应强度分布，由麦克斯韦方程组第四方程可知磨粒周围磁场强度分布满足：

$$\nabla \times \boldsymbol{H} = \boldsymbol{J}_r + \frac{\partial \boldsymbol{D}}{\partial t} \tag{2-37}$$

式中，$\boldsymbol{H}$ 为磁场强度；$\boldsymbol{J}_r$ 为电流密度；$\boldsymbol{D}$ 为电位移矢量。

磨粒在静磁场中并不产生感应电流，且此时电位移矢量可忽略不计，因此上述方程可简化为：

$$\nabla \times \boldsymbol{H} = 0 \tag{2-38}$$

引入标量磁势 ϕ_m（$\boldsymbol{H} = -\nabla \phi_m$）求解球体磨粒周围的磁场分布。由上式可得在静磁场中标量磁势分布满足泊松方程，如式（2-39）所示。

$$\nabla^2 \phi_m = 0 \tag{2-39}$$

在球坐标系中对上述方程进行求解可得，静磁场中半径为r_a的球体磨粒内部及周围空气中标量磁势的通解为：

$$\phi_m(r,\theta) = \begin{cases} \sum_{l=1}^{\infty} A_l r^l p_l \cos\theta, & r \leqslant r_a \\ \sum_{l=1}^{\infty} B_l r^{-(l+1)} p_l \cos\theta, & r > r_a \end{cases} \tag{2-40}$$

式中，A_l、B_l为待定系数；r为距球心距离；p_l为勒让德函数。

对上述各待定系数进行求解。由于球体磨粒表面磁场强度 $\boldsymbol{H}$ 满足连续性分布，

且由 $\boldsymbol{H} = -\nabla\phi_{\mathrm{m}}$ 可得，标量磁势满足边界条件：

$$\phi_{\mathrm{m}}\left(r = r_{\mathrm{a}+}, \theta\right) = \phi_{\mathrm{m}}\left(r = r_{\mathrm{a}-}, \theta\right) \tag{2-41}$$

$$\left.\frac{\partial\phi_{\mathrm{m}}}{\partial r}\right|_{r=r_{\mathrm{a}-}}^{r=r_{\mathrm{a}+}} = -M\cos\theta \tag{2-42}$$

式中，M 为铁磁性磨粒磁化强度。

式（2-41）描述了标量磁势在磨粒表面的连续性，式（2-42）描述了标量磁势沿磨粒径向方向的衰减。

将式（2-40）分别代入式（2-41）、式（2-42）中，可求解得到方程中各待定系数满足：

$$B_l = A_l r_{\mathrm{a}}^{2l+1} \tag{2-43}$$

$$-(l+1)r^{-(l+2)}\sum B_l p_l \cos\theta - lr^{2l+1}\sum A_l p_l \cos\theta = M\cos\theta \tag{2-44}$$

由勒让德函数特性可知 $p_l \cos\theta = \cos\theta$，将其与式（2-43）、式（2-44）进行联立求解，可得到式（2-40）中各待定系数分别为：

$$A_l = \begin{cases} \dfrac{M}{3}, & l = 1 \\ 0, & l \neq 1 \end{cases} \tag{2-45}$$

$$B_l = \begin{cases} \dfrac{Mr_{\mathrm{a}}^3}{3}, & l = 1 \\ 0, & l \neq 1 \end{cases} \tag{2-46}$$

进一步将式（2-45）及式（2-46）代入式（2-40）中，可得到铁磁性球体磨粒在静磁场中标量磁势分布为：

$$\phi_{\mathrm{m}}\left(r, \theta\right) = \begin{cases} \dfrac{M}{3}r\cos\theta, & r \leqslant r_{\mathrm{a}} \\ \dfrac{Mr_{\mathrm{a}}^3}{3r^2}\cos\theta, & r > r_{\mathrm{a}} \end{cases} \tag{2-47}$$

在铁磁性材料中有 $\boldsymbol{H} = -\nabla\phi_{\mathrm{m}}$ 且 $\boldsymbol{B} = \mu_0\left(\boldsymbol{H} + \boldsymbol{M}\right)$，因此磁场强度 $\boldsymbol{H}$ 及磁感应强度 $\boldsymbol{B}$ 可分别表达为：

$$\boldsymbol{H} = -\frac{1}{3}\boldsymbol{M} \tag{2-48}$$

$$\boldsymbol{B} = \frac{2}{3}\mu_0\boldsymbol{M} \tag{2-49}$$

铁磁性磨粒位于磁感应强度为 $\boldsymbol{B}_0$ 的匀强静磁场中时，磨粒磁化强度矢量 $\boldsymbol{M}$ 可表示为：

$$M = 3\frac{1}{\mu_0}\left(\frac{\mu - \mu_0}{\mu + 2\mu_0}\right)B_0 \tag{2-50}$$

因此可进一步求得，静磁场中铁磁性球体磨粒内的总磁场强度 H_p 为：

$$H_p = H_0 + H = \frac{B_0}{\mu_0} - \frac{1}{3}M \tag{2-51}$$

由式（2-48）～式（2-51）可得，当背景磁场磁感应强度较弱且磨粒未达到磁饱和时，铁磁性球体磨粒内部磁感应强度分布如式（2-52）所示。铁磁性磨粒磁导率远大于真空磁导率（$\mu \gg \mu_0$），因此静磁场中，铁磁性球体磨粒内部磁感应强度为均匀分布，且可近似等于背景磁感应强度的 3 倍。

$$B_p(r < r_a) = \mu_0 H_p = \left(\frac{3\mu_0}{\mu + 2\mu_0}\right)B_0 \approx 3B_0 \tag{2-52}$$

由式（2-47）及 $H = -\nabla\phi_m$ 可得，考虑背景磁场的影响，磨粒周围空气中磁感应强度分布为：

$$
\begin{aligned}
B_a(r > r_a) &= \mu_0 H + B_0 = -\mu_0\phi_m + B_0 = \frac{\mu_0 r_a^3}{3}\left[\frac{M}{r^3} + \frac{3(M \cdot r)r}{r^5}\right] + B_0 \\
&= -\frac{\mu_0 r_a^3 M}{3r^3}e_z + \frac{\mu_0 r_a^3 M}{r^3}\cos\theta\left[(\cos\theta)e_z + (\sin\theta)e_x\right] + B_0 \\
&= -\frac{r_a^3 B_0}{r^3}\left(\frac{\mu - \mu_0}{\mu + 2\mu_0}\right)e_z + \frac{3r_a^3 B_0}{r^3}\left(\frac{\mu - \mu_0}{\mu + 2\mu_0}\right)\left[(\cos^2\theta)e_z + \frac{1}{2}(\sin 2\theta)e_x\right] + B_0
\end{aligned}
$$
$$\tag{2-53}$$

因此，采用式（2-52）及式（2-53）可对静磁场中铁磁性球体磨粒内部及周围空气中磁感应强度分布进行仿真计算。计算过程中，假设磨粒由低碳钢材料构成，因此其相对磁导率设置为 120；为了便于对磨粒磁特性进行实验验证，磨粒半径设置为 125μm；考虑实验所采用的电磁式磨粒监测传感器内磁感应强度分布，背景磁感应强度设置为 2.5mT。通过对上述二维模型得到的计算结果进行扩展可得到磨粒周围不同平面内的磁感应强度分布云图，如图 2-13 所示。可见静磁场中磨粒内部及周围空气中磁感应强度分布均发生了明显变化，且在球体磨粒内部磁感应强度为均匀分布；而在周围空气中，平行于背景磁场方向（z 轴方向）的磨粒表面处磁感应强度明显增大，而垂直于背景磁场方向（x 轴及 y 轴方向）的磨粒表面处磁感应强度明显减小而后逐渐回升。

当 $\theta=0°$ 及 90°时，根据式（2-53）可分别求得球体磨粒周围空气中沿 z 轴及 x、y 轴方向的磁感应强度分别为：

$$\boldsymbol{B}_{az}(r>r_{\mathrm{a}})=\frac{2r_{\mathrm{a}}^{3}B_{0}}{r^{3}}\left(\frac{\mu-\mu_{0}}{\mu+2\mu_{0}}\right)\boldsymbol{e}_{z}+\boldsymbol{B}_{0} \tag{2-54}$$

$$\boldsymbol{B}_{axy}(r>r_{\mathrm{a}})=-\frac{r_{\mathrm{a}}^{3}B_{0}}{r^{3}}\left(\frac{\mu-\mu_{0}}{\mu+2\mu_{0}}\right)\boldsymbol{e}_{z}+\boldsymbol{B}_{0} \tag{2-55}$$

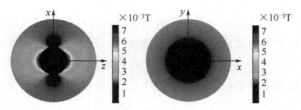

(a) zx平面磁感应强度分布　　　(b) xy平面磁感应强度分布

图 2-13　静磁场中铁磁性球体磨粒磁感应强度分布云图

由式（2-54）、式（2-55）可知，由于铁磁性材料磁导率远大于真空磁导率，空气中磁感应强度分布基本不受磨粒材料磁导率的影响。磨粒内部及周围空气中不同轴线上的磁感应强度分布如图 2-14 所示。可见在铁磁性球体磨粒内部，磁感应强度呈均匀分布特征，幅值为 7.38mT（约为背景磁感应强度的 3 倍）。而在空气中，平行于背景磁场方向（z 轴方向）的磁感应强度随距离的增加呈三次方衰减，并逐渐趋于背景磁感应强度（2.5mT）；而垂直于背景磁场方向（x 及 y 轴方向）的磁感应强度在磨粒外表面处（$r=r_{\mathrm{a}}$ 时）迅速衰减至 0，而后随着距离的增加逐渐恢复至背景磁感应强度。

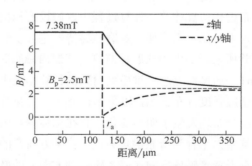

图 2-14　静磁场中磨粒不同轴线上的磁感应强度分布

2.3.2　静磁场中铁磁性球体磨粒引起的磁能变化

磨粒通过磁场时，磨粒内部及周围空气中磁感应强度的变化会共同导致磨粒位置处磁场发生磁能变化。在静磁场中，磨粒内部磁场能量W_p以及引起的局部磁场磁能变化ΔW_p分别如式（2-56）及式（2-57）所示。式中，V_p为磨粒体积；W_{p0}为与磨粒同体积的空气中背景磁场的磁能。

$$W_p = \frac{1}{2}\int \frac{\boldsymbol{B}^2}{\mu}\mathrm{d}v = \frac{1}{2}\int \frac{\boldsymbol{B}_p(r<r_a)^2}{\mu_0\mu_r}\mathrm{d}V_p = \frac{6\pi\mu\boldsymbol{B}_0^2 r_a^3}{\left(\mu+2\mu_0\right)^2} \tag{2-56}$$

$$\Delta W_p = W_p - W_{p0} = \frac{6\pi\mu\boldsymbol{B}_0^2 r_a^3}{\left(\mu+2\mu_0\right)^2} - \frac{1}{2}\int \frac{\boldsymbol{B}_0^2}{\mu_0}\mathrm{d}V_p = \frac{6\pi\mu\boldsymbol{B}_0^2 r_a^3}{\left(\mu+2\mu_0\right)^2} - \frac{2\pi\boldsymbol{B}_0^2 r_a^3}{3\mu_0} \tag{2-57}$$

由式（2-56）、式（2-57）可知，静磁场中球体磨粒内部的磁能以及所引起的磁能变化均与背景磁感应强度的平方及磨粒半径的三次方成正比。

由式（2-53）可知，磨损颗粒周围空气中的磁场为非均匀分布。为了估计静磁场中磨粒引起的周围空气中的磁场磁能变化，首先计算空气中磁感应强度的数量积为：

$$\left|\boldsymbol{B}_a\left(r>r_a\right)\right|^2 = \frac{C^2}{r^6} + 9\frac{C^2}{r^6}\cos^4\theta + \boldsymbol{B}_0^2 - 6\frac{C^2}{r^6}\cos^2\theta - 2\boldsymbol{B}_0\frac{C}{r^3} \\ + 6\boldsymbol{B}_0\frac{C}{r^3}\cos^2\theta + \frac{9C^2}{4r^6}\sin^2\left(2\theta\right) \tag{2-58}$$

式中，$C = r_a^3 \boldsymbol{B}_0\left(\dfrac{\mu-\mu_0}{\mu+2\mu_0}\right)$。

对上式中各项分别计算体积分可得到：

$$\int_0^\pi \int_0^{2\pi} \int_{r_a}^\infty \frac{C^2}{r^6} r\mathrm{d}r\mathrm{d}\theta\mathrm{d}\varphi = \frac{\pi^2 C^2}{2r_a^4} \tag{2-59}$$

$$\int_0^\pi \int_0^{2\pi} \int_{r_a}^\infty 9\frac{C^2}{r^6}\left(\cos^4\theta\right) r\mathrm{d}r\mathrm{d}\theta\mathrm{d}\varphi = \frac{27\pi^2 C^2}{16r_a^4} \tag{2-60}$$

$$\int_0^\pi \int_0^{2\pi} \int_{r_a}^\infty 6\frac{C^2}{r^6}\left(\cos^2\theta\right) r\mathrm{d}r\mathrm{d}\theta\mathrm{d}\varphi = \frac{3\pi^2 C^2}{2r_a^4} \tag{2-61}$$

$$\int_0^\pi \int_0^{2\pi} \int_{r_a}^\infty 2\boldsymbol{B}_0\frac{C}{r^3} r\mathrm{d}r\mathrm{d}\theta\mathrm{d}\varphi = \frac{4\pi^2\boldsymbol{B}_0 C^2}{r_a} \tag{2-62}$$

$$\int_0^\pi \int_0^{2\pi} \int_{r_a}^\infty 6\boldsymbol{B}_0\frac{C}{r^3}\left(\cos^2\theta\right) r\mathrm{d}r\mathrm{d}\theta\mathrm{d}\varphi = \frac{6\pi^2\boldsymbol{B}_0 C}{r_a} \tag{2-63}$$

$$\int_0^\pi \int_0^{2\pi} \int_{r_a}^\infty \frac{9C^2}{4r^6}\sin^2\left(2\theta\right) r\mathrm{d}r\mathrm{d}\theta\mathrm{d}\varphi = \frac{9\pi^2 C^2}{16r_a^4} \tag{2-64}$$

因此，磨粒周围空气中总磁能W_a及磨粒引起的磁能变化ΔW_a可分别表达为：

$$W_a = \frac{1}{2\mu_0}\left[\frac{13\pi^2 r_a^2 \boldsymbol{B}_0^2}{4}\left(\frac{\mu-\mu_0}{\mu+2\mu_0}\right)^2 - 4\pi^2 r_a^5 \boldsymbol{B}_0^3 \left(\frac{\mu-\mu_0}{\mu+2\mu_0}\right)^2\right.$$
$$\left. +6\pi^2 r_a^2 \boldsymbol{B}_0^2 \left(\frac{\mu-\mu_0}{\mu+2\mu_0}\right) + \int \boldsymbol{B}_0^2 \mathrm{d}v \right] \tag{2-65}$$

$$\Delta W_a = W_a - W_{a0} = \frac{13\pi^2 r_a^2 \boldsymbol{B}_0^2}{8\mu_0}\left(\frac{\mu-\mu_0}{\mu+2\mu_0}\right)^2 - \frac{4\pi^2 r_a^5 \boldsymbol{B}_0^3}{2\mu_0}\left(\frac{\mu-\mu_0}{\mu+2\mu_0}\right)^2$$
$$+\frac{6\pi^2 r_a^2 \boldsymbol{B}_0^2}{2\mu_0}\left(\frac{\mu-\mu_0}{\mu+2\mu_0}\right) \tag{2-66}$$

此时，静磁场中铁磁性球体磨粒引起的总的磁能变化 ΔW_{mf} 可表达为：

$$\Delta W_{mf} = \Delta W_p + \Delta W_a \tag{2-67}$$

根据式（2-57）、式（2-66）及式（2-67）可对静磁场中铁磁性球体磨粒引起的磁能变化进行仿真计算，所得结果如图 2-15 所示。可见，磨粒引起的总磁能变化主要与背景磁场磁感应强度及磨粒半径有关，而与磨粒材料的相对磁导率几乎无关。

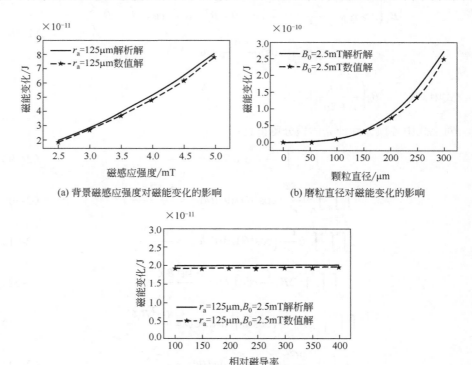

(a) 背景磁感应强度对磁能变化的影响　　(b) 磨粒直径对磁能变化的影响

(c) 磨粒材料相对磁导率对磁能变化的影响

图 2-15　静磁场中铁磁性球体磨粒引起的磁能变化

因此，对于采用静磁场或低频交变磁场（此时可忽略磨粒内的磁滞效应和涡流效应）的磨粒监测传感器而言，提高其背景磁感应强度可以有效提高磨粒的检测效果。此外，磨粒直径对磁能变化的影响曲线表明随着磨粒直径的增加，磨粒引起的磁场磁能变化呈三次方形式递增。这也进一步表明在磨粒检测过程中，铁磁性磨粒引起的传感器输出信号幅值也将与磨粒直径呈三次方关系。此外为了验证该解析模型的正确性，采用有限元方法对球体磨粒在静磁场中引起的磁能变化进行计算，结果如图2-15中虚线所示。可见，磨粒引起的磁能变化的解析解与仿真软件所得数值解呈较好的一致性。

2.4　交变磁场中球体磨粒磁特性研究

2.4.1　交变磁场中铁磁性球体磨粒磁感应强度分布研究

由于非铁磁性磨粒难以对静磁场产生可测量的影响，因此在磨粒检测过程中，为了同时实现润滑油液中铁磁性磨粒及非铁磁性磨粒的有效检测，电磁式磨粒监测传感器一般均采用高频交变磁场。而在高频交变磁场中金属磨粒内会产生明显的涡流效应，使得磨粒内部磁感应强度分布出现不均匀现象，同时涡流现象还会导致磨粒内部产生涡流损耗，并影响磨粒引起的外部磁场扰动的程度。此外，交变磁场中铁磁性磨粒内部会产生磁滞效应并导致磁滞损耗，该磁能损耗也会使得磨粒内部磁能以热能的形式散失，而减弱了磨粒对外部磁场产生的扰动。

在磨粒检测过程中，铁磁性磨粒会综合表现为增强局部磁场，而非铁磁性磨粒会综合表现为减弱局部磁场，因此交变磁场下磨粒内的涡流损耗和磁滞损耗不利于铁磁性磨粒的检测，但有助于非铁磁性磨粒的检测。为了研究球体磨粒在交变磁场中的磁特性以及引起的磨粒检测装置内的磁场扰动，本节构建了交变磁场中球体磨粒磁特性模型，如图2-16所示。模型中仍假设磨粒由各向同性材料构成，且磨粒位置处背景磁感应强度沿 z 轴方向呈现正弦变化，因此磨粒位置处磁场可描述为时谐交变磁场。该类磁场是一种稳态场，其典型特征是场中各物理量均与场源保持同频率特征，且不会产生其他频率成分。取时谐因子 $e^{j\omega t}$，此时，任意场量 $\boldsymbol{\Psi}$ 均可表征为式（2-68）所示形式，且任意场量导数均满足式（2-69）。

$$\boldsymbol{\Psi} = \dot{\boldsymbol{\Psi}} e^{j\omega t} \tag{2-68}$$

$$\frac{d\boldsymbol{\Psi}}{dt} = j\omega\dot{\boldsymbol{\Psi}} \tag{2-69}$$

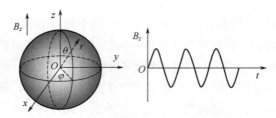

图 2-16　交变磁场中球体磨粒磁特性模型

电磁式磨粒监测传感器采用的磁场频率一般低于 3MHz，因此求解过程中可忽略位移电流，且在洛伦兹规范下，磨粒内部及周围空气中的磁矢势 $\dot{A}$ 满足：

$$\nabla^2 \dot{A} + k^2 \dot{A} = -\mu J_s \tag{2-70}$$

式中，$k^2 = \omega\mu(\omega\varepsilon - \mathrm{j}\sigma)$，$\varepsilon$ 为介电常量。

为了便于求解磨粒内部及周围空气中的磁感应强度分布，采用球坐标系 $O\text{-}r\theta\varphi$。此时磁场中任意一点的磁矢势可表达为：

$$A = A_r e_r + A_\theta e_\theta + A_\varphi e_\varphi \tag{2-71}$$

在如图 2-16 所示的磨粒磁特性模型中，磨粒内部及周围磁场均满足轴对称时谐分布。此时，磁矢势分布满足 $A_r = A_\theta = 0$，周向分量 $A_\varphi \neq 0$ 且有 $\dfrac{\partial A_\varphi}{\partial \varphi} = 0$。同时在交变磁场中，源电流密度 $J_s = 0$，因此可得，磨粒内部及周围的磁矢势分布满足约束方程：

$$\nabla^2 \dot{A}_\varphi^2 + \left(k_i^2 - \frac{1}{r^2\sin^2\theta} \right) \dot{A}_{\varphi i} = 0 \tag{2-72}$$

式中，$i=1,2$，用于区分磨粒及其周围空气空间，$k_1^2 = -\mathrm{j}\omega\mu_1\sigma_1$，$k_2^2 = -\mathrm{j}\omega\mu_2\sigma_2$；$\mu_1$、$\mu_2$ 分别为磨粒及空气磁导率；σ_1、σ_2 分别为磨粒及空气电导率。

为了求解磨粒内部及周围空气中的磁矢势分布，采用分离变量法。此时磁场周向磁矢势幅值可表达为：

$$\dot{A}_{\varphi i} = R(r) S(\theta) \tag{2-73}$$

进一步可得到磁场周向磁矢势幅值在不同方向上的导数分别为：

$$\frac{\partial \dot{A}_{\varphi i}}{\partial r} = S(\theta)\frac{\mathrm{d}R(r)}{\mathrm{d}r}$$

$$\frac{\partial \dot{A}_{\varphi i}}{\partial \theta} = R(r)\frac{\mathrm{d}S(\theta)}{\mathrm{d}\theta} \tag{2-74}$$

$$\frac{\partial \dot{A}_{\varphi i}}{\partial \varphi} = 0$$

为了计算式（2-73），求得磁场周向磁矢势的拉普拉斯算子为：

$$\nabla^2 \dot{A}_{\varphi i} = \frac{1}{r^2} \times \frac{\partial}{\partial r}\left(r^2 \frac{\partial \dot{A}_{\varphi i}}{\partial r}\right) + \frac{1}{r^2 \sin\theta} \times \frac{\partial}{\partial \theta}\left(\sin\theta \frac{\partial \dot{A}_{\varphi i}}{\partial \theta}\right) + \frac{\partial^2 \dot{A}_{\varphi i}}{\partial \varphi^2} \times \frac{1}{r^2 \sin^2\theta} \quad (2\text{-}75)$$

对上式各项进行分别计算可得：

$$\frac{1}{r^2} \times \frac{\partial}{\partial r}\left(r^2 \frac{\partial \dot{A}_{\varphi i}}{\partial r}\right) = \frac{1}{r^2}\left[2rS(\theta)\frac{\mathrm{d}R(r)}{\mathrm{d}r} + r^2 S(\theta)\frac{\mathrm{d}^2 R(r)}{\mathrm{d}r^2}\right] \quad (2\text{-}76)$$

$$\frac{1}{r^2 \sin\theta} \times \frac{\partial}{\partial \theta}\left(\sin\theta \frac{\partial \dot{A}_{\varphi i}}{\partial \theta}\right) = \frac{1}{r^2 \sin\theta}\left[R(r)\cos\theta\frac{\mathrm{d}S(\theta)}{\mathrm{d}\theta} + R(r)\sin\theta\frac{\mathrm{d}^2 S(\theta)}{\mathrm{d}\theta^2}\right] \quad (2\text{-}77)$$

$$\frac{\partial^2 \dot{A}_{\varphi i}}{\partial \varphi^2} \times \frac{1}{r^2 \sin^2\theta} = 0 \quad (2\text{-}78)$$

可得：

$$\frac{2r}{R(r)} \times \frac{\mathrm{d}R(r)}{\mathrm{d}r} + \frac{r^2}{R(r)} \times \frac{\mathrm{d}^2 R(r)}{\mathrm{d}r^2} + \frac{1}{S(\theta)}\cot\theta\frac{\mathrm{d}S(\theta)}{\mathrm{d}\theta} + \frac{1}{S(\theta)} \times \frac{\mathrm{d}^2 S(\theta)}{\mathrm{d}\theta^2} + k_i^2 r^2 - \frac{1}{\sin^2\theta} = 0$$

$$(2\text{-}79)$$

可见，该式可分解为两个自变量分别为 r 及 θ 的独立函数，因此令：

$$X(r) = \frac{2r}{R(r)} \times \frac{\mathrm{d}R(r)}{\mathrm{d}r} + \frac{r^2}{R(r)} \times \frac{\mathrm{d}^2 R(r)}{\mathrm{d}r^2} + k_i^2 r^2 \quad (2\text{-}80)$$

$$Y(\theta) = \frac{1}{S(\theta)}\cot\theta\frac{\mathrm{d}S(\theta)}{\mathrm{d}\theta} + \frac{1}{S(\theta)} \times \frac{\mathrm{d}^2 S(\theta)}{\mathrm{d}\theta^2} - \frac{1}{\sin^2\theta} \quad (2\text{-}81)$$

此时，式（2-80）和式（2-81）可表述为：

$$X(r) + Y(\theta) = 0 \quad (2\text{-}82)$$

对上式两端求导可得：

$$\frac{\mathrm{d}X(r)}{\mathrm{d}r} = -\frac{\mathrm{d}Y(\theta)}{\mathrm{d}r} = 0 \quad (2\text{-}83)$$

因此表明 $X(r)$ 为一常量，从而可获得：

$$X(r) = \lambda \quad (2\text{-}84)$$

$$Y(\theta) = -\lambda \quad (2\text{-}85)$$

可进一步得到：

$$r^2 \frac{\mathrm{d}^2 R(r)}{\mathrm{d}r^2} + 2r \frac{\mathrm{d}R(r)}{\mathrm{d}r} + \left(k_i^2 r^2 - \lambda \right) R(r) = 0 \tag{2-86}$$

$$\frac{\mathrm{d}^2 S(\theta)}{\mathrm{d}\theta^2} + \cot\theta \frac{\mathrm{d}S(\theta)}{\mathrm{d}\theta} + \left(\lambda - \frac{1}{\sin^2\theta} \right) S(\theta) = 0 \tag{2-87}$$

求解上述方程时，半径 r 的取值范围为（0，∞）。若使得球体磨粒内部及周围空气中磁矢势分布有定解，$S(\theta)$ 需为有界函数，且 λ 需满足：

$$\lim_{\theta \to 0} |S(\theta)| < \infty \tag{2-88}$$

$$\lim_{\theta \to \pi} |S(\theta)| < \infty \tag{2-89}$$

$$\lambda = n(n+1), n = 1, 2, 3 \cdots \tag{2-90}$$

此时，可求得 $S(\theta)$ 及 $R(r)$ 通解分别为：

$$S(\theta) = C_1 P_n^1 \cos\theta \tag{2-91}$$

$$R(r) = \begin{cases} C_2 r^n + \dfrac{C_3}{r^{n+1}}, & k_1 = 0 \\ C_4 j_n(k_1 r) + C_5 y_n(k_1 r), & k_i \neq 0 \end{cases} \tag{2-92}$$

式中，$C_1 \sim C_5$ 均为待定系数；$P_n^1(\cos\theta)$ 为 n 次一阶勒让德函数；$j_n(k_1 r)$ 及 $y_n(k_1 r)$ 分别为第一类和第二类球贝塞尔函数。

可进一步求得磁矢势分布通解表达式为：

$$A_p = \begin{cases} \displaystyle\sum_{n=1}^{\infty} \left[D_{1n} j_n(k_1 r) \right] P_n^1 \cos\theta, & 0 \leqslant r < r_a \\ \displaystyle\sum_{n=1}^{\infty} \left[D_{2n} r^n + \dfrac{D_{3n}}{r^{n+1}} \right] P_n^1 \cos\theta, & r \geqslant r_a \end{cases} \tag{2-93}$$

式中，D_{1n}、D_{2n}、D_{3n} 均为待定系数。

在求解交变磁场中球体磨粒（如图 2-16 所示）磁矢势分布时，磁矢势在磨粒表面需满足连续性边界条件：

$$\lim_{r \to r_a^-} A_{\varphi 1} = \lim_{r \to r_a^+} A_{\varphi 2} \tag{2-94}$$

$$\lim_{r \to r_a^-} \frac{\partial}{\partial r} \left(\frac{r}{\mu_{r1}} A_{\varphi 1} \right) = \lim_{r \to r_a^+} \frac{\partial}{\partial r} \left(\frac{r}{\mu_{r2}} A_{\varphi 2} \right) \tag{2-95}$$

在磨粒周围空气中需满足无限远边界条件：

$$\lim_{r \to \infty} A_{\varphi 2} = A_b \tag{2-96}$$

其中背景磁矢势 A_b 满足： $A_b = \nabla \times B_0$ 。

将式（2-93）代入至边界条件式（2-94）中可得：

$$\sum_{n=1}^{\infty}\left\{\left[D_{1n}j_n\left(k_1r_a\right)\right]P_n^1\cos\theta-\left[D_{2n}r_a^n+\frac{D_{3n}}{r_a^{n+1}}\right]P_n^1\cos\theta\right\}=0 \tag{2-97}$$

进一步简化后可得：

$$D_{1n}j_n\left(k_1r_a\right)-D_{2n}r_a^n-D_{3n}r_a^{-n-1}=0 \tag{2-98}$$

将式（2-93）代入至边界条件式（2-95）中可得：

$$\lim_{r\to r_a^-}\frac{\partial}{\partial r}\left(\frac{r}{\mu_{r1}}\left\{\sum_{n=1}^{\infty}\left[D_{1n}j_n\left(k_1r\right)\right]P_n^1\cos\theta\right\}\right)=\lim_{r\to r_a^+}\frac{\partial}{\partial r}\left\{\frac{r}{\mu_{r2}}\sum_{n=1}^{\infty}\left[D_{2n}r^n+\frac{D_{3n}}{r^{n+1}}\right]P_n^1\cos\theta\right\}$$

$$\tag{2-99}$$

其中：

$$\lim_{r\to r_a^-}\frac{\partial}{\partial r}\left(\frac{r}{\mu_{r1}}\left\{\sum_{n=1}^{\infty}\left[D_{1n}j_n\left(k_1r\right)\right]P_n^1\cos\theta\right\}\right)=\frac{1}{\mu_{r1}}\lim_{r\to r_a^-}\left\{\sum_{n=1}^{\infty}\left[D_{1n}j_n\left(k_1r\right)\right]P_n^1\cos\theta\right\}$$

$$+\frac{1}{\mu_{r1}}\lim_{r\to r_a^-}r\frac{\partial}{\partial r}\left\{\sum_{n=1}^{\infty}\left[D_{1n}j_n\left(k_1r\right)\right]P_n^1\cos\theta\right\}$$

$$\tag{2-100}$$

$$\lim_{r\to r_a^-}r\frac{\partial}{\partial r}\left[\sum_{n=1}^{\infty}D_{1n}j_n\left(k_1r\right)P_n^1\cos\theta\right]=\lim_{r\to r_a^-}rD_{1n}P_n^1\left(\cos\theta\right)k_1\sum_{n=1}^{\infty}\frac{\partial}{\partial k_1r}\left[j_n\left(k_ir\right)\right]$$

$$=\lim_{r\to r_a^-}D_{1n}P_n^1\cos\theta\left[k_1rj_{n-1}\left(k_1r\right)-nj_n\left(k_1r\right)\right]$$

$$\tag{2-101}$$

$$\lim_{r\to r_a^+}\frac{\partial}{\partial r}\left\{\frac{r}{\mu_{r2}}\sum_{n=1}^{\infty}\left[D_{2n}r^n+\frac{D_{3n}}{r^{n+1}}\right]P_n^1\cos\theta\right\}=\frac{1}{\mu_{r2}}\lim_{r\to r_a^+}\left\{\sum_{n=1}^{\infty}\left[D_{2n}r^n+\frac{D_{3n}}{r^{n+1}}\right]P_n^1\cos\theta\right\}$$

$$+\frac{1}{\mu_{r2}}\lim_{r\to r_a^+}r\frac{\partial}{\partial r}\left\{\sum_{n=1}^{\infty}\left[D_{2n}r^n+\frac{D_{3n}}{r^{n+1}}\right]P_n^1\cos\theta\right\}$$

$$\tag{2-102}$$

$$\tag{2-103}$$

$$\lim_{r\to r_a^+}r\frac{\partial}{\partial r}\left\{\sum_{n=1}^{\infty}\left[D_{2n}r^n+\frac{D_{3n}}{r^{n+1}}\right]P_n^1\cos\theta\right\}$$

$$=\lim_{r\to r_a^+}\sum_{n=1}^{\infty}\left[D_{2n}P_n^1\left(\cos\theta\right)nr+D_{3n}P_n^1\left(\cos\theta\right)\left(-n-1\right)r^{-n-1}\right]$$

因此，式（2-99）左部可表达为：

$$\lim_{r \to r_a^-} \frac{\partial}{\partial r} \left(\frac{r}{\mu_{r1}} \left\{ \sum_{n=1}^{\infty} \left[D_{1n} j_n \left(k_1 r \right) \right] P_n^1 \cos\theta \right\} \right)$$

$$= \lim_{r \to r_a^-} \sum_{n=1}^{\infty} \frac{1}{\mu_{r1}} D_{1n} P_n^1 \cos\theta \left[k_1 r j_{n-1} \left(k_1 r \right) - \left(n-1 \right) j_n \left(k_1 r \right) \right]$$

（2-104）

式（2-99）右部可表达为：

$$\lim_{r \to r_a^+} \frac{\partial}{\partial r} \left\{ \frac{r}{\mu_{r2}} \sum_{n=1}^{\infty} \left[D_{2n} r^n + \frac{D_{3n}}{r^{n+1}} \right] P_n^1 \cos\theta \right\} = \lim_{r \to r_a^+} \sum_{n=1}^{\infty} \frac{1}{\mu_{r2}} \left[D_{2n} \left(r^n + nr \right) P_n^1 \cos\theta \right]$$

$$+ \lim_{r \to r_a^+} \sum_{n=1}^{\infty} \frac{1}{\mu_{r2}} \left[D_{3n} \left(r^{-n-1} + \left(-n-1 \right) r^{-n-1} \right) P_n^1 \cos\theta \right]$$

（2-105）

由式（2-99）、式（2-104）、式（2-105）可进一步简化得到：

$$\frac{1}{\mu_{r1}} D_{1n} \left[k_1 r j_{n-1} \left(k_1 r \right) - \left(n-1 \right) j_n \left(k_1 r \right) \right]$$

$$= \frac{1}{\mu_{r2}} D_{2n} \left(r^n + nr \right) + \frac{1}{\mu_{r2}} \left[D_{3n} \left(r^{-n-1} + \left(-n-1 \right) r^{-n-1} \right) \right]$$

（2-106）

将式（2-93）代入至边界条件式（2-96）中可得：

$$\lim_{r \to \infty} \sum_{n=1}^{\infty} \left[D_{2n} r^n + \frac{D_{3n}}{r^{n+1}} \right] P_n^1 \cos\theta = A_b$$

（2-107）

联立方程式（2-99）、式（2-106）及式（2-107）可求得球体磨粒在交变磁场中磁矢势分布为：

$$A_\varphi = \begin{cases} \dfrac{B_0 \sin\theta}{2} \left[\dfrac{3 r_a \mu_r j_1 \left(kr \right)}{\left(\mu_r - 1 \right) j_1 \left(k r_a \right) + \sin\left(k r_a \right)} \right], & 0 \leqslant r < r_a \\[4mm] \dfrac{B_0 \sin\theta}{2 r^2} \left[\dfrac{3 r_a^3 \mu_r j_1 \left(k r_a \right)}{\sin\left(r_a k \right) + \left(\mu_r - 1 \right) j_1 \left(k r_a \right)} - r_a^3 + r^3 \right], & r \geqslant r_a \end{cases}$$

（2-108）

球坐标系下，磁感应强度与磁矢势关系满足：

$$\boldsymbol{B} = \nabla \times \boldsymbol{A} = \frac{1}{r\sin(\theta)} \left[\frac{\partial}{\partial \theta} \left(A_\varphi \sin\theta \right) - \frac{\partial A_\theta}{\partial \varphi} \right] \boldsymbol{e}_r$$

$$+ \frac{1}{r} \left[\frac{1}{\sin\theta} \times \frac{\partial A}{\partial \varphi} - \frac{\partial}{\partial r} \left(r A_\varphi \right) \right] \boldsymbol{e}_\theta$$

$$+ \frac{1}{r} \left[\frac{\partial}{\partial r} \left(r A_\theta \right) - \frac{\partial A}{\partial \theta} \right] \boldsymbol{e}_\varphi$$

（2-109）

其中，由球体磨粒模型的对称性可知 $A_r = A_\theta = 0$，此时磁感应强度可进一步简化为：

$$\boldsymbol{B} = \nabla \times \boldsymbol{A} = \frac{1}{r\sin\theta}\left[\frac{\partial}{\partial\theta}\left(A_\varphi\sin\theta\right)\right]\boldsymbol{e}_r - \frac{1}{r}\times\frac{\partial}{\partial r}\left(rA_\varphi\right)\boldsymbol{e}_\theta \tag{2-110}$$

将式（2-108）代入式（2-110）可求得交变磁场中球体磨粒内部及周围空气中磁感应强度分布分别为：

$$\boldsymbol{B}_{\mathrm{s}} = \begin{cases} \left\{ \begin{array}{l} \dfrac{B_0\cos\theta}{2r}\left(\dfrac{6r_{\mathrm{a}}\mu_{\mathrm{r}}j_1(kr)}{(\mu_{\mathrm{r}}-1)j_1(kr_{\mathrm{a}})+\sin(kr_{\mathrm{a}})}\right)\boldsymbol{e}_r \\[4mm] -\dfrac{B_0\sin\theta}{2r}\left(\dfrac{3r_{\mathrm{a}}\mu_{\mathrm{r}}j_1(kr)-3r_{\mathrm{a}}kr\mu_{\mathrm{r}}j_1^{'}(kr)}{(\mu_{\mathrm{r}}-1)j_1(kr_{\mathrm{a}})+\sin(kr_{\mathrm{a}})}\right)\boldsymbol{e}_\theta \end{array} \right\},\ 0\leqslant r\leqslant r_{\mathrm{a}} \\[12mm] \left\{ \begin{array}{l} \dfrac{B_0\cos\theta}{r^3}\left(\dfrac{3r_{\mathrm{a}}^3\mu_{\mathrm{r}}j_1(kr_{\mathrm{a}})}{\sin(r_{\mathrm{a}}k)+(\mu_{\mathrm{r}}-1)j_1(kr_{\mathrm{a}})}-r_{\mathrm{a}}^3+r^3\right)\boldsymbol{e}_r \\[4mm] -\dfrac{1}{r}\left((1-r)\left(\dfrac{B_0\sin\theta}{2r^2}\left(\dfrac{3r_{\mathrm{a}}^3\mu_{\mathrm{r}}j_1(kr_{\mathrm{a}})}{\sin(r_{\mathrm{a}}k)+(\mu_{\mathrm{r}}-1)j_1(kr_{\mathrm{a}})}-r_{\mathrm{a}}^3+r^3\right)\right)\right) \\[4mm] +\dfrac{3r^2B_0\sin\theta}{2}\right)\boldsymbol{e}_\theta \end{array} \right\},\ r\geqslant r_{\mathrm{a}} \end{cases} \tag{2-111}$$

将上述结果进行坐标系转换，求得直角坐标系中球体磨粒在交变磁场中的磁感应分布，如式（2-112）所示。对其进行仿真，仿真过程中磨粒半径仍设置为 125μm，磨粒材料相对磁导率为 120，背景磁感应强度幅值为 2.5mT。此时，不同频率的磁场中球体磨粒内部及周围空气中磁感应强度分布云图如图 2-17 所示。其中图 2-17（a）~（c）表征不同频率的磁场中 zx 平面内的磁感应强度分布，图 2-17(d)~（f）表征不同频率的磁场中 xy 平面内的磁感应强度分布。由图可知，在低频磁场中，球体磨粒内部磁感应强度近似均匀分布，此时磨粒磁特性可采用磨粒静磁化模型进行近似分析；而在高频磁场中，磨粒内部磁感应强度分布呈现不均匀现象，表现为磨粒表面磁感应强度明显增大，磨粒中心磁感应强度则逐渐趋于零；且随着交变磁场频率的增加，磨粒内部磁感应强度分布不均匀程度也明显增加。

$$\boldsymbol{B} = \begin{bmatrix} \sin\theta\cos\varphi & \cos\varphi\cos\theta & -\sin\varphi \\ \sin\theta\sin\varphi & \sin\varphi\cos\theta & \cos\varphi \\ \cos\theta & -\sin\theta & 0 \end{bmatrix}\begin{bmatrix} B_{sr} \\ B_{s\theta} \\ B_{s\varphi} \end{bmatrix} \tag{2-112}$$

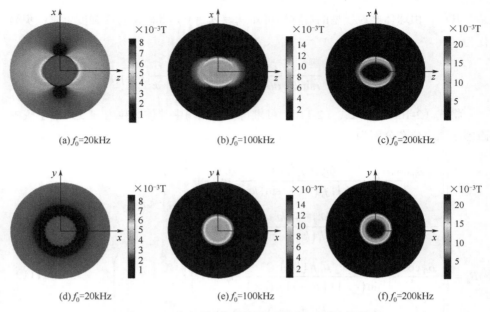

(a)f_0=20kHz   (b)f_0=100kHz   (c)f_0=200kHz

(d)f_0=20kHz   (e)f_0=100kHz   (f)f_0=200kHz

图 2-17 交变磁场中球体磨粒磁感应强度分布云图

不同频率的磁场中，球体磨粒内部及周围空气中不同方向上的磁感应强度分布如图 2-18 所示。

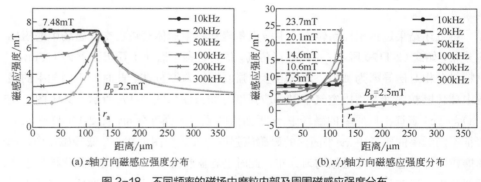

(a) z 轴方向磁感应强度分布   (b) x/y 轴方向磁感应强度分布

图 2-18 不同频率的磁场中磨粒内部及周围磁感应强度分布

由图 2-18 可见，当背景磁场频率低于 20kHz 时（材料相对磁导率为 120，且不考虑磁能损耗的理想状态下），磨粒内部及周围磁感应强度分布与静磁场中的磁场分布基本相同，表现为磨粒内部磁感应强度为 7.48mT，约为背景磁感应强度的 3 倍。随着背景磁场频率的增加，磨粒内部磁感应强度分布呈现明显不均匀现象。以背景磁场频率为 300kHz 时为例，此时磨粒中心处磁感应强度仅为 1.8mT，远低于静磁场中球体磨粒中心处磁感应强度（7.5mT），但垂直于背景磁场方向的磨粒表面处磁感应强度峰值则可达到23.7mT。

为了研究相对磁导率对磁感应强度分布的影响，对频率为300kHz的交变磁场中相对磁导率分别为60、120、240、480的球体磨粒磁场分布进行仿真，所得结果如图2-19所示。由图可见，在相同频率的磁场中，随着材料相对磁导率的增加，磨粒内部涡流效应逐渐增强，表现为磁场不均匀性逐渐增强。而涡流效应的增强会直接导致磨粒内部涡流损耗的增加，因此可以预见，在交变磁场中，相对磁导率较高的铁磁性磨粒内会产生更强的涡流损耗，进而降低了该类磨粒引起的磁场扰动，以及引起的磨粒监测传感器输出感应电动势幅值。故为了提高电磁式磨粒监测传感器检测结果的准确性，在研究过程中需充分考虑磨粒内产生的磁能损耗。

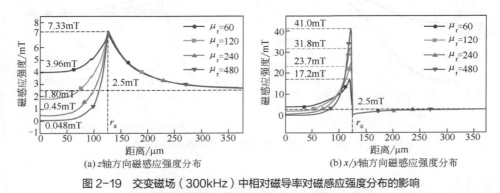

(a) z轴方向磁感应强度分布   (b) x/y轴方向磁感应强度分布

图2-19 交变磁场（300kHz）中相对磁导率对磁感应强度分布的影响

2.4.2 交变磁场中非铁磁性球体磨粒磁感应强度分布研究

机械系统在工作过程中也会产生一定数量的非铁磁性磨粒，主要包括铜颗粒和铝颗粒两种，其中铜颗粒主要源于滑动轴承的磨损，而铝颗粒则主要来源于设备壳体的磨损。非铁磁性材料的相对磁导率接近于1，因此在静磁场中难以对非铁磁性磨粒进行有效的检测。在交变磁场中，非铁磁性磨粒内部会产生涡流效应及涡流损耗，使得磨粒内部分磁能以热能的形式散失，从而减小传感器局部磁场的磁能。因此采用交变磁场可实现非铁磁性磨粒的检测。将非铁磁性磨粒材料的相对磁导率及电导率代入式（2-111）、式（2-112）中，可求得非铁磁性磨粒内部及周围空气中磁感应强度分布。基于此，对不同频率的交变磁场中铜颗粒（半径为125μm）内部及周围的磁感应强度分布进行仿真计算，所得结果如图2-20所示。由图可见，当磁场频率低于200kHz时，磨粒内部及周围磁场分布变化微弱。该现象表明在低频交变磁场（磁场频率<200kHz）中难以实现对铜颗粒的有效检测，而随着磁场频率的增加，

磨粒内部涡流效应逐渐增强，因此所引起的涡流损耗也必将增强，这也将进一步提高非铁磁性磨粒的可检测性。

区别于铁磁性球体磨粒的磁感应强度分布，高频交变磁场下非铁磁性磨粒内部及周围磁感应强度沿平行于背景磁场 z 轴方向呈逐渐递增趋势，但总体磁感应强度均小于背景磁感应强度（2.5mT）；而沿 x 及 y 轴方向（垂直于背景磁场方向），磁感应强度在磨粒表面呈现最大值，且该极值大于背景磁感应强度（频率为 1600kHz 的磁场下，磨粒表面磁感应强度约为 2.88mT），而后随着距离的增加，空气中磁感应强度逐渐减小并恢复至背景磁感应强度。

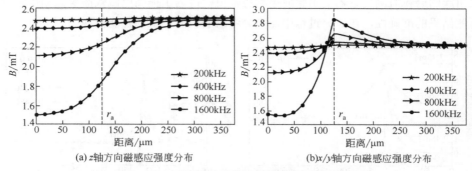

(a) z 轴方向磁感应强度分布　　　　(b) x/y 轴方向磁感应强度分布

图 2-20　交变磁场中球体铜颗粒的磁感应强度分布

2.4.3　交变磁场中球体磨粒引起的磁能变化

通过式（2-67）可求得理想状态下（不考虑磨粒内部磁能损耗时）磨粒引起的总磁能变化，对铁磁性及非铁磁性球体磨粒引起的磁能变化进行仿真计算，所得结果分别如图 2-21 及图 2-22 所示。

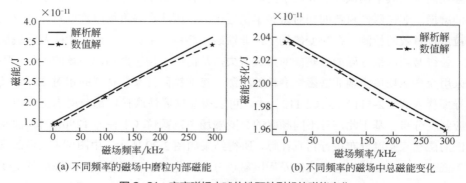

(a) 不同频率的磁场中磨粒内部磁能　　　　(b) 不同频率的磁场中总磁能变化

图 2-21　交变磁场中球体铁颗粒引起的磁能变化

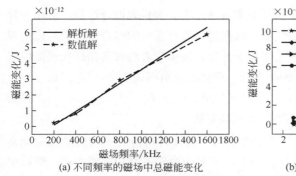
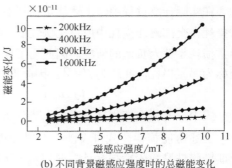

(a) 不同频率的磁场中总磁能变化　　(b) 不同背景磁感应强度时的总磁能变化

图2-22　交变磁场中球体铜颗粒引起的磁能变化

由图可见，对于铁磁性磨粒而言，当不考虑磨粒内的磁能损耗时，随着背景磁场频率的增加，交变磁场所诱发的磨粒内部磁能逐渐增加，而磨粒引起的磁场总磁能变化在逐渐减小。该现象表明提高背景磁场频率将降低铁磁性磨粒的可检测性。对于非铁磁性磨粒而言，随着背景磁场频率的增加，磨粒引起的磁能变化逐渐增加；且随着背景磁场磁感应强度的增加，铜颗粒引起的总磁能变化呈现三次方递增。因此表明：提高背景磁场频率及其磁感应强度有助于提高非铁磁性磨粒的可检测性。此外，为了验证解析模型的正确性，采用有限元方法计算了不考虑磁能损耗的理想状态下，磨粒引起的磁能变化，结果如各图2-21、图2-22中虚线所示。可见所得的解析解结果与数值解结果呈现较高的一致性。

在实际的磨粒检测过程中，金属磨粒在交变磁场中均会产生一定的磁能损耗。其中铁磁性磨粒内的磁能损耗包括磁滞损耗、涡流损耗及异常损耗三种；而非铁磁性磨粒内的磁能损耗包括涡流损耗及异常损耗两种。在磁场中，铁磁性磨粒整体表现为增强磁场的磁能，因此该部分磁能损耗将降低铁磁性磨粒的可检测性；而高频磁场中，非铁磁性磨粒内部的涡流效应会减小局部磁场的磁能，且这种磁能的减弱正是非铁磁性磨粒可检测性的本质因素，因此较高的磁能损耗会增加非铁磁性磨粒的可检测性。综上所述，在研究电磁式磨粒监测机制并计算磨粒引起的电磁场磁能扰动时，需充分考虑磨粒内部产生的磁能损耗。

传统的铁磁性材料磁能损耗分析模型中，交变磁场中单位体积或单位质量的铁磁性材料内能量损失功率为：

$$P_{\text{core}}(f, B_{\text{m}}) = P_{\text{h}} + P_{\text{c}} + P_{\text{a}} = k_{\text{h}} f B_{\text{m}}^{\beta} + k_{\text{c}} f^2 B_{\text{m}}^2 + k_{\text{a}} f^{1.5} B_{\text{m}}^{1.5} \quad (2\text{-}113)$$

式中，P_{h}、P_{c} 和 P_{a} 分别为磁滞损耗功率、涡流损耗功率和异常损耗功率；k_{h}、k_{c} 和 k_{a} 分别为磁滞损耗系数、涡流损耗系数和异常损耗系数；f 为磁场频率；B_{m} 为正弦磁感应强度峰值；β 取决于材料性质。

在实际计算过程中，上述能量损耗系数需通过实验测量来拟合得到，但由于异常损耗在全部磁能损耗中所占比例较低，且在能量损耗系数的拟合过程中可能出现异常损耗系数为负值的情况。因此为了便于计算，很多学者将异常损耗和涡流损耗统称为涡流损耗，并认为$\beta = 2$，因此得到一般化的能量损失功率计算方法：

$$P_{core}(f, B_m) = P_h + P_e = k_h f B_m^2 + k_e f^2 B_m^2 \tag{2-114}$$

式中，P_e为涡流损耗功率；k_e为涡流损耗系数。

上述磁能损耗公式可反映一个磁场周期内铁磁性材料内的平均磁能损失功率（非铁磁性磨粒磁能损耗计算时取$k_h = 0$），但对于磨粒监测传感器而言，磨粒引起的传感器线圈的瞬时能量变化决定了传感器输出感应电动势的幅值大小。由于采用解析方法难以计算磨粒在交变磁场中引起的瞬时磁能损耗，故基于上述能量损失功率计算方法提出交变磁场中磨粒磁能损耗系数$\eta(f, B_m)$，此时铁磁性及非铁磁性磨粒引起的真实磁场的磁能变化可分别表征为：

$$\Delta W_{fr} = \Delta W_{fi} \eta_f(f, B_m) \tag{2-115}$$

$$\Delta W_{nfr} = \Delta W_{nfi} / \eta_{nf}(f, B_m) \tag{2-116}$$

式中，ΔW_{fr}及ΔW_{nfr}分别为铁磁性及非铁磁性磨粒引起的实际磁场的磁能变化；ΔW_{fi}及ΔW_{nfi}分别为不考虑磁能损耗的理想状态下铁磁性及非铁磁性磨粒引起的磁能变化；$\eta_f(f, B_m)$及$\eta_{nf}(f, B_m)$分别为铁磁性及非铁磁性磨粒磁能损耗系数。

上述两方程形式上差异的原因在于：对于铁磁性磨粒而言，磁能损耗会降低其引起的磁场磁能扰动；而对于非铁磁性磨粒而言，磁能损耗则会加剧其引起的磁能扰动。由于采用解析法难以直接求得磨粒的磁能损耗系数，故采用实验方法拟合得到球体磨粒在不同频率磁场中的磁能损耗系数。

2.5　本章小结

本章分析了磨粒与设备磨损的关系，建立了单球体磨粒磁特性模型，理论推导了不同磁场中单颗铁磁性及非铁磁性球体磨粒引起的磁感应强度分布以及磁场磁能变化的解析解。同时为了更准确地估计磨粒引起的磁场磁能变化，采用实验方法测得了铁磁性球体磨粒及非铁磁性球体磨粒的磁能损耗系数。通过理论分析及相关实验验证，得到以下结论：

① 在静磁场中铁磁性球体磨粒内部磁感应强度呈现均匀分布，约为背景磁感应强度的3倍。在磨粒周围的空气中，磁感应强度分布呈现明显的不均匀性，且平行于背景磁感应强度方向（沿z轴方向）的磁感应强度随距离的增加呈三次方形式衰

减并逐渐趋于背景磁感应强度；垂直于背景磁感应强度方向（沿 x 轴及 y 轴方向）的磁感应强度在磨粒外表面处迅速衰减至 0，而后逐渐恢复至背景磁感应强度。

② 基于麦克斯韦方程组对高频交变磁场中磨粒内部及周围磁感应强度分布进行了研究。理论分析表明：高频磁场下磨粒内部产生了明显的涡流效应，使得磨粒内部磁感应强度分布呈现明显的不均匀特性，即磨粒表面处磁感应强度远大于磨粒中心处磁感应强度。

③ 磨粒引起的局部磁场的总磁能变化由磨粒内部磁感应强度变化以及磨粒周围空气中磁感应强度变化共同导致。交变磁场中金属磨粒内部会产生磁滞效应（只在铁磁性磨粒中产生）和涡流效应，二者均会致使磨粒内部产生一定的磁能损耗并影响磨粒引起的磁场扰动程度。通过对比铁颗粒和铜颗粒的磁能损耗系数表明交变磁场中金属磨粒内的涡流损耗程度较小，铁磁性磨粒中的磁能损耗主要来自于磁滞损耗。

④ 随着背景磁场频率的增加，铁磁性磨粒引起的总磁能变化逐渐减弱，而非铁磁性磨粒引起的总磁能变化逐渐增加。同时随着背景磁感应强度的增强，磨粒引起的磁能变化逐渐增强。因此表明提高背景磁场频率会降低铁磁性磨粒的可检测性，而会增强非铁磁性磨粒的可检测性；提高背景磁场磁感应强度会提高磨粒的可检测性。

⑤ 磨粒在传感器中的运动速度会改变磨粒受到的有效磁场频率，并影响传感器输出感应电动势幅值。磨粒检测过程中，采用磁能损耗系数对传感器输出感应电动势进行修正，可以消除磨粒运动速度对传感器输出信号幅值的影响，极大地提高磨粒检测结果的一致性。

第**3**章

磨粒监测传感器输出信号影响因素分析

根据电感式三线圈对磨粒的检测原理，分析磨粒监测传感器主要因素对输出信号的影响，首先计算磨粒在线监测传感器的磁场和感应电动势计算公式，然后深入分析磨粒监测信号特征和主要线圈结构参数对传感器内部磁场和感应电动势的影响，揭示典型磨粒监测传感器典型因素对磨粒监测输出的影响规律，为后续传感器结构参数优化分析奠定理论基础。

3.1 磨粒在线监测传感器磁场和感应电动势计算

3.1.1 磨粒在线监测传感器磁场计算

（1）载流直导线的磁场

差动式三线圈电感式磨粒监测传感器主要监测磨粒通过感应线圈时引起的磁场强度变化而产生的脉冲信号或其他相应特征信号，来实现对磨粒进行监测的功能。在磨粒在线监测传感器磁场计算中，毕奥-萨伐尔定律适用于计算一个稳定电流所产生的磁场，是静磁学磁场计算的基本定律。如图 3-1 所示，假设真空环境下长度为 l 的导线是由无数个长度为 dl 的线元积分而成的，当导线接入的电流强度为 I 时，将流过线元 dl 上的电流用电流元 Idl 表示。空间中存在任意一点 P，点 P 与线元 dl 之间的位置矢量为 r，电流元 Idl 与位置矢量 r 之间的夹角为 θ，电流元 Idl 在 P 点处产生的磁感应强度为 dB。通过右手螺旋定则可以判断出磁感应强度 dB 沿着位置矢量和电流元矢量积的方向，并且垂直于位置矢量和电流元矢量组成的平面。

根据毕奥-萨法尔定律可以得到电流元 Idl 在 P 点处产生磁感应强度 dB 的表达式：

$$dB = \frac{\mu_0 Idl \times r}{4\pi r^3} \tag{3-1}$$

式中，μ_0 为真空磁导率；电流元 Idl 与位置矢量 r 之间的夹角为 θ，因此电流元 Idl 与位置矢量 r 的矢量积可以表示为 $I|dl||r|\sin\theta$，则 P 点的磁感应强度大小为：

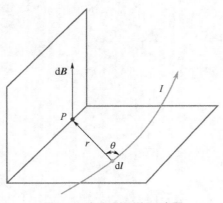

图 3-1 电流元的磁场示意图

$$dB = \frac{\mu_0 I |d\boldsymbol{l}| \sin\theta}{4\pi r^2} \qquad (3\text{-}2)$$

由式（3-2）可知，真空中电流元 $Id\boldsymbol{l}$ 在任意点 P 处产生的磁感应强度大小 dB 与电流元大小 $I|d\boldsymbol{l}|$ 成正比关系，电流元 $Id\boldsymbol{l}$ 与位置矢量 r 夹角的正弦 $\sin\theta$ 同样与磁感应强度大小 dB 成正比关系，P 点与线元 $d\boldsymbol{l}$ 之间距离的平方 r^2 和磁感应强度大小 dB 成反比关系。

如图 3-2 所示，做空间中任意点 P 到载流直导线 A_1A_2 的垂线 PO，垂线长度为 r_0。电流元 $Id\boldsymbol{l}$ 到垂足 O 的距离为 l，与位置矢量 r 的夹角为 θ，与载流直导线两端点之间的夹角分别为 θ_1 和 θ_2。载流直导线 A_1A_2 中任意电流元 $Id\boldsymbol{l}$ 在 P 点处产生的磁场方向相同，载流直导线在空间任意一点处磁感应强度 B 的计算公式可根据电流元 $Id\boldsymbol{l}$ 在任意点 P 处磁感应强度 dB 的计算公式进行推导，将式（3-2）在 A_1A_2 长度范围内进行积分可得：

$$B = \int_{A_1}^{A_2} dB = \int_{A_1}^{A_2} \frac{\mu_0 I |d\boldsymbol{l}| \sin\theta}{4\pi r^2} \qquad (3\text{-}3)$$

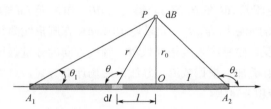

图 3-2　载流直导线的磁场示意图

根据图 3-2 中的几何位置关系可以得到式（3-4）和式（3-5）：

$$l = r\cos(\pi - \theta) = -r\cos\theta \qquad (3\text{-}4)$$

$$r_0 = r\sin(\pi - \theta) = r\sin\theta \qquad (3\text{-}5)$$

由式（3-4）和式（3-5）可以得到长度 l，垂线长度 r_0 以及角度 θ 三者之间的关系，关系表达式如式（3-6）所示。

$$l = -r_0\cot\theta \qquad (3\text{-}6)$$

将式（3-6）中的长度 l 进行微分变换，可以得到式（3-7）：

$$dl = \frac{r_0}{\sin^2\theta} d\theta \qquad (3\text{-}7)$$

将式（3-7）代入载流直导线在空间任意一点磁感应强度的计算公式即式（3-3）中可以实现积分变量 dl 到 $d\theta$ 的变换，变换后的表达式如式（3-8）所示。

$$B = \frac{\mu_0 I}{4\pi r_0} \int_{\theta_1}^{\theta_2} \sin\theta \mathrm{d}\theta = \frac{\mu_0 I}{4\pi r_0} \left(\cos\theta_1 - \cos\theta_2 \right) \qquad (3\text{-}8)$$

当载流直导线 $A_1 A_2$ 变为无限长时，A_1 端点到 P 点的位置矢量与 A_1 处电流元 $I\mathrm{d}l$ 的夹角 θ_1 变为 0，A_2 端点到 P 点的位置矢量与 A_2 处电流元 $I\mathrm{d}l$ 的夹角 θ_2 变为 π，将 $\theta_1 = 0$、$\theta_2 = \pi$ 代入式（3-8）可得：

$$B = \frac{\mu_0 I}{2\pi r_0} \qquad (3\text{-}9)$$

由式（3-9）可以看出，当载流直导线无限长时，载流直导线在空间中任意一点处的磁感应强度 B 的大小与导线接入的电流 I 成正比，与 P 点到导线的垂直距离成反比。在实际的生产活动中，当载流导线的长度 l 远远大于 P 点到导线的垂直距离 r_0 时，式（3-9）同样适用。

（2）载流圆形线圈的磁场

载流圆形线圈在空间轴线位置上任意一点的磁场如图 3-3 所示，圆形线圈的半径为 R，线圈接入的电流强度为 I，P 点到圆心 O 的距离为 r_0，电流元 $I\mathrm{d}l$ 到 P 点的位置矢量为 r，电流元 $I\mathrm{d}l$ 与位置矢量 r 之间的夹角 $\theta = 90°$，位置矢量 r 与线圈平面之间的夹角为 α，电流元 $I\mathrm{d}l$ 在 P 点的元磁场为 $\mathrm{d}B$。电流元 $I\mathrm{d}l$ 轴对称位置处的 $I\mathrm{d}l$ 电流元在 P 点产生的元磁场为 $\mathrm{d}B'$，元磁场 $\mathrm{d}B$ 和 $\mathrm{d}B'$ 在圆形线圈径向位置的分量磁场大小相等方向相反，磁感应强度相互抵消，轴线方向的分量磁场大小相等方向相同，磁感应强度相互叠加。根据载流直导线的磁场计算方式，对电流元 $I\mathrm{d}l$ 在 P 点处的元磁场 $\mathrm{d}B$ 进行积分可得：

$$B = \cos\alpha \oint \mathrm{d}B = \cos\alpha \oint \frac{\mu_0 I |\mathrm{d}l| \sin\theta}{4\pi r^2} \qquad (3\text{-}10)$$

由图 3-3 可知，$\sin\theta = 1$，$r_0 = r\sin\alpha$，$r_0 = \sqrt{R^2 + r_0^2}\sin\alpha$，$R = \sqrt{R^2 + r_0^2}\cos\alpha$，$\oint \mathrm{d}l = 2\pi R$。整理上述关系式后代入式（3-10）可得载流圆形线圈在轴线任意一点磁感应强度 B 的表达式：

$$B = \frac{\mu_0 I R^2}{2 \left(R^2 + r_0^2 \right)^{\frac{3}{2}}} \qquad (3\text{-}11)$$

（3）载流螺线管线圈的磁场

如图 3-4 所示，载流螺线管线圈高度为 $2L$，线圈匝数为 N，线圈的内半径和外半径分别为 R_1 和 R_2，接入的电流强度为 I。圆柱坐标系下，螺线管线圈的轴线与 z 轴重合，P 点始终位于 xOy 平面内，过 P 点作 z 轴的垂线，交点为坐标原点 O，Z_1 和 Z_2 分别为线圈下端面与上端面的轴线坐标。在螺线管线圈分布区域内任取一点 Q，该点处的体积元为 dV，电流元 $J\mathrm{d}V$ 与位移矢量 r 之间的夹角为 θ，电流元 $J\mathrm{d}V$ 在螺线管线圈轴线方向任意一点 P 处的磁感应强度为 dB。

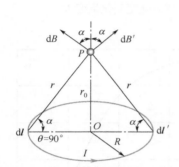

图 3-3　载流圆形线圈的磁场示意图

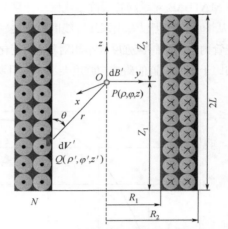

图 3-4　载流螺线管线圈的磁场示意图

根据右手螺旋定则可以判断电流密度 J 的方向，由已知条件可以求得电流密度 J 的表达式：

$$J = NI / (R_2 - R_1) \times 2L \tag{3-12}$$

通过对元磁场 dB 的积分可以得到螺线管线圈对轴线任意一点处磁感应强度 B 的表达式：

$$B = \frac{\mu_0}{4\pi} \int_V \frac{\boldsymbol{J} \times \boldsymbol{r}}{|\boldsymbol{r}|^3} \mathrm{d}V' = B_\rho \boldsymbol{e}_\rho + B_\varphi \boldsymbol{e}_\varphi + B_z \boldsymbol{e}_z \tag{3-13}$$

通过载流圆形线圈轴线磁场的分析可知，圆形线圈轴线方向任意一点处的磁感应强度在径向上的分量相互抵消，轴线上的分量相互叠加。螺线管线圈是由多个圆形线圈绕制而成的，因此式（3-13）中的 B_ρ 和 B_φ 均为 0，即磁感应强度 B 的表达式为：

$$B = \frac{\mu_0 \boldsymbol{J}}{2\pi} \int_0^\pi \mathrm{d}\theta \int_{R_1}^{R_2} \mathrm{d}\rho' \int_{Z_1}^{Z_2} \frac{\rho'(\rho' - \rho\cos\theta)}{|\boldsymbol{r}|^3} \mathrm{d}z' \tag{3-14}$$

从图 3-4 中可知：位移矢量 $|\boldsymbol{r}| = \sqrt{(\rho'^2 + \rho^2 - 2\rho\rho'\cos\theta + z'^2)}$，电流元 $J\mathrm{d}V$ 与位移矢量 r 之间的夹角 $\theta = \varphi - \varphi'$，体积元 $\mathrm{d}V' = \rho'\mathrm{d}\rho'\mathrm{d}\varphi'\mathrm{d}z'$，将上述关系式及式（3-12）代入式（3-14）得：

$$B = \frac{\mu_0 NI}{2\pi(R_2 - R_1)} \left[Z_2 \ln \frac{R_2 + \sqrt{R_2^2 + Z_2^2}}{R_1 + \sqrt{R_1^2 + Z_2^2}} - Z_1 \ln \frac{R_2 + \sqrt{R_2^2 + Z_1^2}}{R_1 + \sqrt{R_1^2 + Z_1^2}} \right] \tag{3-15}$$

已知磁导率 $\mu_0 = 4\pi \times 10^{-7}$，对式（3-15）中的参数进行赋值，其中螺线管线圈高度设为 15mm，线圈内径为 5mm，线圈外径为 8mm，匝数为 150 匝，电流强度为 0.3A。利用 MATLAB 对螺线管线圈轴线磁场计算公式进行求解后得到如图 3-5 所示的磁场曲线。从图中曲线可以看出螺线管线圈轴线磁感应强度呈先上升后平稳再下降的趋势，即螺线管内部的磁感应强度大小相对稳定，变化幅度小；螺线管线圈两端附近的磁感应强度相比于中间位置的磁感应强度要小，并且两端的磁感应强度变化幅度大。

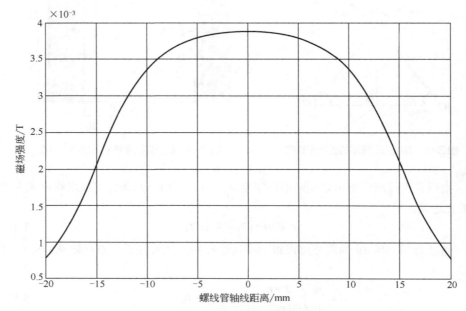

图 3-5　螺线管线圈轴向磁场曲线

（4）差动三线圈式磨粒监测传感器的磁场

差动三线圈式磨粒监测传感器工作过程中，传感器内部的总磁场由两励磁线圈产生的磁场相互叠加产生。因此，为了求解传感器内部磁感应强度分布，首先计算单侧励磁线圈内部近轴轴向磁感应强度，如式（3-16）所示。

$$B_x(x,t) = \frac{\mu_0 J_{\text{coil}}}{2}\left[\left(x + \frac{a}{2}\right)\ln\frac{R_2 + \sqrt{R_2^2 + (x+a/2)^2}}{R_1 + \sqrt{R_1^2 + (x+a/2)^2}} - \left(x - \frac{a}{2}\right)\ln\frac{R_2 + \sqrt{R_2^2 + (x-a/2)^2}}{R_1 + \sqrt{R_1^2 + (x-a/2)^2}}\right]$$

（3-16）

式中，R_1 为线圈内半径；R_2 为线圈外半径；$J_{\text{coil}} = NI/\left[2a(R_2 - R_1)\right]$ 为线圈内电流密度；N 为励磁线圈匝数；x 为励磁线圈轴线上任意位置坐标。

此时传感器内部近轴轴向磁感应强度可表达为：

$$B_{sx}(x,t) = B_x(x,t) - B_x(x+m,t) \qquad (3\text{-}17)$$

式中，m 为传感器两励磁线圈间距。

差动三线圈式磨粒监测传感器结构如图 3-6 所示。该传感器由线圈基体、两个反向绕制的励磁线圈以及一个感应线圈共同组成。为了同时实现铁磁性及非铁磁性磨粒的检测，传感器励磁源采用高频交变电流源。向两励磁线圈中通入相同的交变电流，两励磁线圈会产生大小相等方向相反的交变磁场。该传感器的各结构及电气参数如表 3-1 所示。

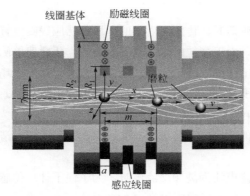

图 3-6　差动三线圈式磨粒监测传感器结构

表 3-1　差动三线圈传感器关键参数

参数名称	参数值
传感器内径 d/mm	8
线圈内径 R_1/mm	12
励磁线圈宽度 a/mm	3
励磁线圈间距 m/mm	9
励磁线圈匝数 N_e	160
感应线圈匝数 N_i	60

将表 3-1 中传感器结构及电气参数代入上式，可得到传感器内部近轴轴向磁感应强度分布，如图 3-7 所示。可见，在传感器各励磁线圈中间位置处磁感应强度达到峰值（约为 2.5mT），而在传感器 0mm 位置处（感应线圈位置处）两励磁线圈产生的磁场相互抵消为零。故当无磨粒通过传感器时，传感器感应线圈磁通量为零，此时感应线圈不输出感应电动势；当有金属磨粒通过传感器时，磨粒会引起传感器单侧励磁线圈内磁场磁感应强度发生变化。

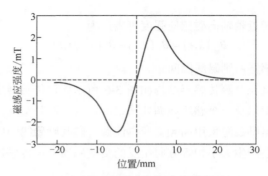

图 3-7　传感器内部近轴轴向磁感应强度分布

当无磨粒通过传感器时，传感器内部的磁场在感应线圈位置处相互抵消；当金属磨粒通过传感器时，由于磨粒的磁化或涡流效应，传感器单侧励磁线圈内磁场产生扰动（铁磁性磨粒增强局部磁场，非铁磁性磨粒减弱局部磁场），并导致传感器感应线圈磁通量发生变化，进而引起感应线圈输出感应电动势。该感应电动势的幅值可用于表征磨粒的粒度，相位则表征磨粒的材料属性（铁磁性/非铁磁性）。因此，通过对感应线圈输出的感应电动势进行提取和识别，可实现润滑油液中金属磨粒的在线监测。

当励磁线圈的励磁电流为高频交流电时，为了便于计算传感器内各点的磁感应强度，引入磁矢势 A，它与磁感应强度 B 的关系为：

$$B = \nabla \times A \tag{3-18}$$

即磁感应强度是磁矢势的旋度。A 不唯一，通常使用库仑规范进行约束，即：

$$\mathrm{div} A = 0 \tag{3-19}$$

将式（3-19）代入麦克斯韦方程组中，可得：

$$\frac{1}{\mu}\Big[\nabla \times (\nabla \times A)\Big] = -\sigma \frac{\partial A}{\partial t} + J \tag{3-20}$$

因励磁信号为正弦交流电，可知磁场物理量也为变量，磁矢势 A 可写为：

$$A = A_0 \mathrm{e}^{\mathrm{j}\omega t} \tag{3-21}$$

将式（3-21）代入式（3-20）可得：

$$\mathrm{j}\omega\sigma A_0 + \nabla \times \left(\mu_0^{-1}\mu_r^{-1}\nabla \times A\right) = J \tag{3-22}$$

根据矢量分析理论可得：

$$A = A_x \boldsymbol{i} + A_y \boldsymbol{j} + A_z \boldsymbol{k} \tag{3-23}$$

$$\nabla \times \left(\mu_0^{-1} \mu_r^{-1} \nabla \times \boldsymbol{A} \right) = \frac{1}{\mu} \left[\left(\frac{\partial^2 A_y}{\partial x \partial y} - \frac{\partial^2 A_x}{\partial y^2} \right) - \left(\frac{\partial^2 A_x}{\partial z^2} - \frac{\partial^2 A_z}{\partial x \partial z} \right) \right] \boldsymbol{i}$$
$$+ \frac{1}{\mu} \left[\left(\frac{\partial^2 A_z}{\partial z \partial y} - \frac{\partial^2 A_y}{\partial z^2} \right) - \left(\frac{\partial^2 A_y}{\partial x^2} - \frac{\partial^2 A_x}{\partial x \partial y} \right) \right] \boldsymbol{j} \tag{3-24}$$
$$+ \frac{1}{\mu} \left[\left(\frac{\partial^2 A_x}{\partial z \partial x} - \frac{\partial^2 A_z}{\partial x^2} \right) - \left(\frac{\partial^2 A_z}{\partial y^2} - \frac{\partial^2 A_y}{\partial z \partial y} \right) \right] \boldsymbol{k}$$

将式（3-24）代入式（3-22）可得：

$$\mathrm{j}\omega\sigma\boldsymbol{A} + \frac{1}{\mu} \left[\left(\frac{\partial^2 A_y}{\partial x \partial y} - \frac{\partial^2 A_x}{\partial y^2} \right) - \left(\frac{\partial^2 A_x}{\partial z^2} - \frac{\partial^2 A_z}{\partial x \partial z} \right) \right] \boldsymbol{i}$$
$$+ \frac{1}{\mu} \left[\left(\frac{\partial^2 A_z}{\partial z \partial y} - \frac{\partial^2 A_y}{\partial z^2} \right) - \left(\frac{\partial^2 A_y}{\partial x^2} - \frac{\partial^2 A_x}{\partial x \partial y} \right) \right] \boldsymbol{j} \tag{3-25}$$
$$+ \frac{1}{\mu} \left[\left(\frac{\partial^2 A_x}{\partial z \partial x} - \frac{\partial^2 A_z}{\partial x^2} \right) - \left(\frac{\partial^2 A_z}{\partial y^2} - \frac{\partial^2 A_y}{\partial z \partial y} \right) \right] \boldsymbol{k} = \boldsymbol{J}$$

在建立的直角坐标系中，方程式（3-25）可分解为如下形式：

$$\mathrm{j}\omega\sigma A_x + \frac{1}{\mu} \left[\left(\frac{\partial^2 A_y}{\partial x \partial y} - \frac{\partial^2 A_x}{\partial y^2} \right) - \left(\frac{\partial^2 A_x}{\partial z^2} - \frac{\partial^2 A_z}{\partial x \partial z} \right) \right] = J_x$$
$$\mathrm{j}\omega\sigma A_y + \frac{1}{\mu} \left[\left(\frac{\partial^2 A_z}{\partial z \partial y} - \frac{\partial^2 A_y}{\partial z^2} \right) - \left(\frac{\partial^2 A_y}{\partial x^2} - \frac{\partial^2 A_x}{\partial x \partial y} \right) \right] = J_y \tag{3-26}$$
$$\mathrm{j}\omega\sigma A_z + \frac{1}{\mu} \left[\left(\frac{\partial^2 A_x}{\partial z \partial x} - \frac{\partial^2 A_z}{\partial x^2} \right) - \left(\frac{\partial^2 A_z}{\partial y^2} - \frac{\partial^2 A_y}{\partial z \partial y} \right) \right] = J_z$$

方程式（3-26）可对传感器内各区域的磁场分布进行求解，方程右侧的传导电流密度 J 视空间区域不同分情况讨论。在磨粒及其邻域空间内，无传导电流，故 $J=0$；而当求解有导线通过的空间的磁场时，根据磁介质理论，在各材料处相对磁导率 μ_r 取值不同。在实际应用中，油道中充满润滑油；无油液状态下的试验，主要介质则为空气。油液和空气相对磁导率均可取近似 $\mu_r = 1$。铁磁性磨粒以碳钢磨损为例进行研究，磨粒内部及表面取 $\mu_r = 100$。分别应用以上条件即可解得整个传感器工作场域的磁矢势分布 $A(x, y, z)$。通过式（3-18）即可得到 $B(x, y, z)$。

3.1.2　磨粒在线监测传感器感应电动势计算

为了计算磨粒引起的传感器内磁感应强度变化与传感器输出感应电动势间的对

应关系，传统研究过程中，通常采用式（3-27）计算磨粒引起的传感器励磁线圈磁通量的变化。式中，N_e 为传感器励磁线圈匝数；ΔB_x 为磨粒引起的传感器内局部磁感应强度变化；$\Delta\phi$ 为磨粒引起的励磁线圈磁通量变化。而磨粒磁特性的研究结果表明：磨粒引起的传感器内磁感应强度分布的变化只发生在磨粒内部及其周围局部的空气中，而大部分传感器线圈内的磁通量并未受到影响。故该计算方法过高地估计了磨粒引起的传感器励磁线圈磁通量变化。尤其当传感器励磁线圈宽度 a 远大于磨粒直径时，将导致较大的计算误差。因此，为了准确地估计磨粒引起的传感器内磁场的扰动，定义传感器励磁线圈线密度如式（3-28）所示。

$$\Delta\phi = N_e \iint \Delta B_x \mathrm{d}s \tag{3-27}$$

$$\gamma = N_e / a \tag{3-28}$$

当磨粒通过传感器时，磨粒引起的传感器单侧励磁线圈总磁通量变化可表达为：

$$\Delta\phi = \sum \iint \gamma \Delta B_x \mathrm{d}s = \iiint \gamma \Delta B_x \mathrm{d}s \mathrm{d}l \tag{3-29}$$

传感器单侧励磁线圈磁通量的变化会导致两侧励磁线圈间产生磁通量差异，并使传感器感应线圈磁通量发生变化。但由于传感器结构的限制，传感器励磁线圈与感应线圈间势必存在一定的磁泄漏。且磁泄漏量是影响传感器输出信号幅值的关键因素之一，其数值的大小与传感器结构参数及电气参数息息相关。在平行三线圈式磨粒监测传感器中，定义磁泄漏系数 λ 为传感器感应线圈中平面磁通量与单侧励磁线圈中平面磁通量的比值，如式（3-30）所示。

$$\lambda = \frac{\phi_i}{\phi_e} \tag{3-30}$$

通过仿真计算可初步得到结构及电气参数如表 3-1 所示的传感器的磁泄漏系数为 $\lambda = 0.201$。此时传感器感应线圈输出的感应电动势可表述为：

$$E_o = \lambda N_i \frac{\Delta\phi}{\Delta t} = \lambda \omega N_i \phi_m \left(f_r, V_p \right) \sin\left(\omega t \right) \tag{3-31}$$

式中，N_i 为传感器励磁线圈匝数；ω 为角频率；f_r 为相对频率；V_p 为磨粒体积。

由上式可知，传感器输出感应电动势幅值取决于磨粒引起的励磁线圈磁通量变化峰值 ϕ_m、磁泄漏系数 λ 以及感应线圈匝数 N_i。理论分析表明金属磨粒的体积及磁场频率是影响励磁线圈磁通量峰值的核心参数。其中，体积越大的磨粒所引起的励磁线圈磁通量变化越大；而磁场频率的提高则加剧了磨粒内部磁能损耗程度，表现为降低了铁磁性磨粒引起的线圈磁通量变化，而增加了非铁磁性磨粒引起的线圈磁通量变化。此外，磁泄漏系数 λ 与传感器结构参数紧密有关，故可通过优化传感器结构降低励磁线圈与感应线圈间的磁泄漏量，进而提高磨粒监测传感器的检测灵敏度。

首先对铁磨粒穿过传感器的整个过程中传感器内部感应电动势的变化进行计算。为更直接观察传感器感应电动势变化规律，设置参数时将励磁电流从正弦交流电设置为直流电。其他参数保持不变，沿轴向中心位置设为 x，传感器轴向中点为 0 点，感应电动势的变化情况如图 3-8 所示。

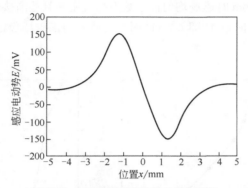

图 3-8　感应电动势与磨粒位置关系图

从图 3-8 中可以看出，感应电动势的变化类似于正弦波。当磨粒为铜磨粒时，根据前文的分析，由于其磁化率为负数，所产生的波形应与铁磨粒所产生的波形相反，类似于余弦波形。由于不同性质磨粒所产生的波形不同，可以通过波形来判断磨粒种类；同时由于不同大小的磨粒所产生波形的峰值不同，可以根据传感器所采集的波形峰值来判断磨粒的粒度大小。

3.2　励磁线圈宽度对传感器输出的影响

3.2.1　励磁线圈宽度对传感器内部磁场的影响

当励磁线圈匝数和线圈间距不变时，励磁线圈宽度对传感器内部磁场的影响如图 3-9 所示。

图 3-9（a）反映线圈宽度与磁感应强度之间的关系，线圈宽度在 1~6mm 范围内变化时磁感应强度随着线圈宽度的增加而变大，其中线圈宽度在 1~4mm 范围内变换时磁感应强度增强较快，斜率为 0.29×10^{-4}，线圈宽度在 4~6mm 范围内变化

时磁感应强度增强较慢，斜率为 0.235×10^{-4}；线圈宽度为 6mm 时磁感应强度取得最大值，为 2.51×10^{-4} T；线圈宽度大于 6mm 时磁感应强度随着线圈宽度的增加而减小，线圈宽度在 6~10mm 范围变化的斜率为 -0.107×10^{-4}，线圈宽度在 10~30mm 范围变化的斜率为 -0.054×10^{-4}，磁感应强度变化速度相对较小。

线圈宽度与磁场均匀性系数的关系如图 3-9（b）所示，磁场均匀性系数随着线圈宽度的增加逐渐减小，线圈宽度在 0~9mm 范围内变化时磁场均匀性系数下降较快，线圈宽度大于 9mm 时磁场均匀性系数下降缓慢并且逐渐接近于 1。线圈宽度 L 大于等于 3 倍的线圈间距 M 即 $L \geq 3M$ 时，传感器内部磁场稳定，磁场均匀性系数趋近于 1。

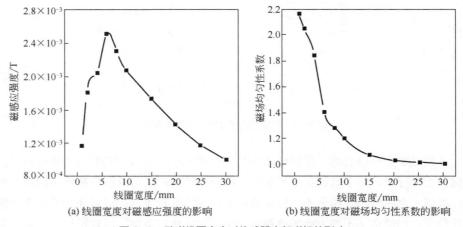

(a) 线圈宽度对磁感应强度的影响　　　　(b) 线圈宽度对磁场均匀性系数的影响

图 3-9　励磁线圈宽度对传感器内部磁场的影响

3.2.2　励磁线圈宽度对感应电动势的影响

励磁线圈匝数和线圈间距不变时，励磁线圈宽度与输出感应电动势的关系如图 3-10 所示。线圈宽度对感应电动势的影响与对磁感应强度的影响的变化趋势类似，线圈宽度在 1~4mm 范围内变化时，输出感应电动势随着线圈宽度的增加而逐渐变大，输出感应电动势变化的速度较快，线圈宽度为 4mm 时输出的感应电动势为 1.85×10^{-3} V。线圈宽度在 4~30mm 范围内变换时，输出感应电动势随着线圈宽度的增大而逐渐减小，曲线变化趋势逐渐平缓，斜率逐渐变小，输出感应电动势的变化速度较慢，线圈宽度为 12mm 时输出感应电动势与线圈宽度在 1~4mm 范围内的最小值相等。

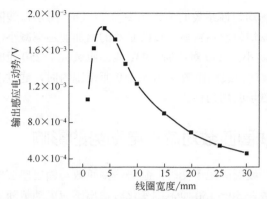

图 3-10　励磁线圈宽度与输出感应电动势的关系

3.3　励磁线圈匝数对传感器输出的影响

3.3.1　励磁线圈匝数对传感器内部磁场的影响

励磁线圈宽度和线圈间距不变时，励磁线圈匝数对传感器内部磁场的影响如图 3-11 所示。

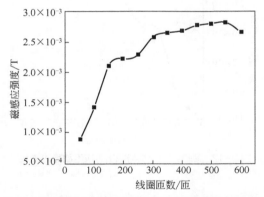

图 3-11　励磁线圈匝数对传感器内部感应强度的影响

图 3-11（a）为线圈匝数对磁感应强度的影响，线圈匝数从 50 匝增加到 150 匝时磁感应强度增强了 1.198×10^{-3} T，线圈匝数从 150 匝增加到 250 匝时磁感应强度增大了 0.19×10^{-3} T，线圈匝数在 250～550 匝范围变换时磁感应强度随着线圈匝数的增加而缓慢增强，线圈匝数从 550 匝增加到 600 匝的过程中磁感应强度减弱了 0.16×10^{-3} T。

线圈匝数与磁场均匀性系数的关系如图 3-11（b）所示，线圈匝数在 50～250 匝范围变化时，磁场均匀性系数随着线圈匝数的增加而逐渐减小，磁场均匀性系数从 50 匝对应的 2.3 减小到 250 对应的 1.93；线圈匝数大于 250 匝时磁场均匀性系数在 1.9 范围内上下波动；线圈匝数在 50～250 匝范围内时，通过改变线圈匝数能有效改善传感器内部磁场的均匀性。

3.3.2　励磁线圈匝数对感应电动势的影响

励磁线圈宽度和线圈间距不变时，励磁线圈匝数与输出感应电动势的关系如图 3-12 所示。线圈匝数在 50～150 匝范围变化时输出感应电动势随着线圈匝数的增加而变大，曲线的斜率逐渐变大，输出感应电动势的变化速度较快。线圈匝数在 150～200 匝范围变化时，输出感应电动势变化缓慢，线圈匝数增加 50 匝后输出感应电动势增大了 0.09×10^{-3} V。线圈匝数在 200～350 匝范围变化时，输出感应电动势随着线圈匝的增加而变大，200～350 匝范围内曲线的斜率要小于 50～150 匝范围的曲线斜率。线圈匝数在 350～550 匝范围变化时，输出感应电动势曲线较为平缓，输出感应电动势增大范围为 $2.23 \times 10^{-3} \sim 2.34 \times 10^{-3}$ V。线圈匝数在 550～600 匝范围变化时，输出感应电动势随着线圈匝数的增加而减小。

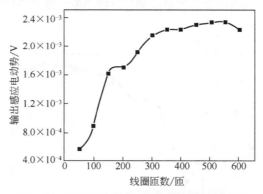

图 3-12　励磁线圈匝数与输出感应电动势的关系

3.4　励磁线圈间距对传感器输出的影响

3.4.1　励磁线圈间距对传感器内部磁场的影响

励磁线圈宽度和励磁线圈匝数不变时，励磁线圈间距对传感器内部磁场的影响如图 3-13 所示。图 3-13（a）为线圈间距与磁感应强度的关系曲线。线圈间距在 0～12mm 范围内变化时磁感应强度随着线圈间距的增大而波动上升，线圈间距在 0～4mm 范围内磁感应强度峰值的线圈间距为 3mm，线圈间距在 4～8mm 范围内磁感应强度峰值的线圈间距为 6mm，线圈间距在 8～15mm 范围内磁感应强度峰值的线圈间距为 11mm。线圈间距为 15～25mm 时磁感应强度缓慢下降，磁感应强度从 15mm 对应的 $1.66×10^{-3}$T 下降到 25mm 对应的 $1.56×10^{-3}$T。线圈间距在 25～30mm 范围内时磁感应强度在 $1.55×10^{-3}$T 上下浮动。

线圈间距与磁场均匀性系数的关系如图 3-13（b）所示。线圈间距在 0～12mm 范围内变化时磁场均匀性系数随着线圈间距的增大而波动下降，线圈间距在 0～4mm 范围内磁场均匀性系数最小值的线圈间距为 3mm，线圈间距在 4～8mm 范围内磁场均匀性系数最小值的线圈间距为 6mm，线圈间距在 8～17mm 范围内磁场均匀性系数最小值的线圈间距为 11mm。线圈间距为 17～25mm 时磁场均匀性系数随着线圈间距的增大而减小，从 17mm 对应的 2.15 下降到 25mm 对应的 1.69。线圈间距在 25～30mm 范围变化时磁场均匀性系数在 1.65 上下浮动。线圈间距在 0～25mm 范围内变化时，可根据上述分析结果选取适当的线圈间距来改善传感器内部磁场的均匀性。

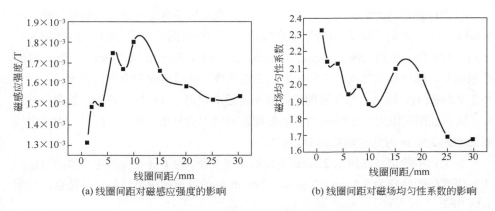

(a) 线圈间距对磁感应强度的影响　　(b) 线圈间距对磁场均匀性系数的影响

图 3-13　励磁线圈间距对传感器内部磁场的影响

3.4.2　励磁线圈间距对感应电动势的影响

励磁线圈宽度和励磁线圈匝数不变时，励磁线圈间距与输出感应电动势的关系如图 3-14 所示。线圈间距在 0～4mm 范围内变化时，输出感应电动势随着线圈间距的增加而变大，线圈间距为 4mm 时取得的最大输出感应电动势为 $8.77\times10^{-4}\text{V}$。线圈间距在 4～20mm 范围内变化时，输出感应电动势随着线圈间距的增加而减小，其中 4～8mm 范围内的曲线斜率随着线圈间距的增加而变大，8～20mm 范围内曲线的斜率随着线圈间距的增加而逐渐减小。线圈间距大于 20mm 时，输出感应电动势接近于 0。

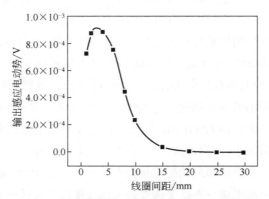

图 3-14　励磁线圈间距与输出感应电动势的关系

改变传感器三个线圈之间的间距，保持其他结构参数即电路设置参数不变，在 Solid works 中装配三维模型，分别研究线圈不同间距时的输出信号的特点，如图 3-15（a）～（f）所示分别为间距 1mm、1.5mm、2.1mm 、2.5mm、2.6mm、3.5mm 时的感应信号，横坐标为时间，纵坐标为感应电动势。从结果图形中可以看出线圈间距小于 2.5mm 时，输出信号随着间距的减小而越不规则，与目标正弦信号的拟合性越差，而当线圈间距大于 2.5mm 时，随着间距的增大信号也会失真，所以初次确定线圈间距为 2.5mm 时传感器检测效果最好。

以上初步确定线圈间距 2.5mm 为线圈最佳间距，为了进一步确定具体的最佳间距，研究间距分别为 2.2mm、2.3mm、2.4mm 时的输出感应电动势信号特点，如图 3-16 所示。

为了更好地表明线圈间距对传感器输出感应信号的影响，取以上线圈间距为 1.5mm、2.5mm、3.5mm 结果图中左下角的计算结果，结果包括正弦表达式、残差、相关度以及各个系数及对应方差值。为了体现出感应信号与正弦信号的相关程度，选择相关度来确定线圈间距的优劣。结果得出线圈间距为 1.5mm、2.5mm、3.5mm 的感应信号与正弦信号的相关度分别为 $R_{1.5}=-0.23691$、$R_{2.5}=0.85967$、$R_{3.5}=0.74821$。

由以上结果可知，$R_{1.5}$ 为负，说明拟合性差，拟合不成功，而 $R_{2.5}>R_{3.5}$。

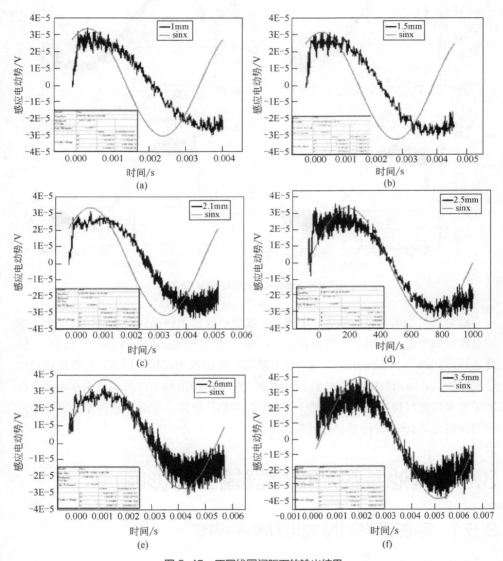

图 3-15　不同线圈间距下的输出结果

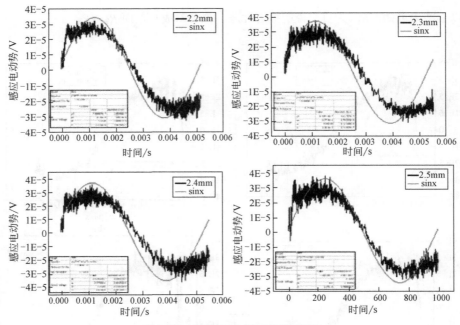

图 3-16　线圈间距对感应信号的影响

综合以上结果，可以得出：电感式三线圈磨粒监测传感器的线圈间距对传感器检测磨粒的性能有影响，这与理论相符，虽然对输出感应电动势的值影响较小，但是当线圈间距小于 2.5mm 时，输出信号随着间距的减小而越不规则，与理论正弦信号相差较大，而当线圈间距大于 2.5mm 时，随着间距的增大信号也会失真，并且在实际磨粒监测时传感器可能会把一些畸形的波形忽略掉，造成检测误差。所以确定线圈间距为 2.5mm 时传感器检测效果最好。

3.5　其他参数对传感器输出的影响

3.5.1　励磁频率对感应电动势的影响

在较高的电流频率下，存在电流向导线表面附近集中的现象，这种现象被称为趋肤效应。趋肤效应是由于高频磁链在励磁导线中产生涡流，从而引起电流的分布不均。本文所研究的传感器内部两个反向励磁线圈可以视为高频电感器，励磁电流有两个成分：直流（DC）电流 I_{DC} 和交流（AC）电流 ΔI。直流（DC）电流处于导

072

线的中心，交流（AC）电流处于导线的表面。趋肤效应的程度取决于电感器中交流
（AC）电流 ΔI 的大小。

趋肤深度计算公式为：

$$\varepsilon = \frac{66.2}{\sqrt{f}} K \tag{3-32}$$

式中，常数 K 的取值与导体材料有关，铜导线时 K 为 1。

铜导体的直径计算公式为：

$$D_{\mathrm{AWG}} = \sqrt{\frac{4A_{W(B)}}{\pi}} \tag{3-33}$$

式中，$A_{W(B)}$ 为裸导线面积。

从导线直径 D_{AWG} 中减去 2 倍的趋肤深度 ε，得到导线的有效直径，如式（3-34）
所示：

$$D_{\mathrm{n}} = D_{\mathrm{AWG}} - 2\varepsilon \tag{3-34}$$

新的导线面积 A_{n} 如下式所示：

$$A_{\mathrm{n}} = \frac{\pi D_{\mathrm{n}}^2}{4} \tag{3-35}$$

高频（电流）的导线面积 $A_{W(\Delta I)}$ 是导线面积 $A_{W(B)}$ 与新面积 A_{n} 之差：

$$A_{W(\Delta I)} = A_{W(B)} - A_{\mathrm{n}} \tag{3-36}$$

电感器中的交流（AC）电流 ΔI 是正弦交流电，其均方根电流 ΔI_{rms} 为：

$$\Delta I_{\mathrm{rms}} = I_{\mathrm{pk}} / \sqrt{2} \tag{3-37}$$

均方根电流 ΔI_{rms} 的电流密度如式（3-38）所示：

$$J = \frac{\Delta I_{\mathrm{rms}}}{A_{W(\Delta I)}} \tag{3-38}$$

式中，ΔI 的均方根电流密度 J 应该满足：ΔI_{rms} 的电流密度 $\leqslant I_{\mathrm{DC}}$ 的电流密度。

对流经线圈的电流密度也要限制，一般允许值为 $i = (2.5 \sim 3) \times 10^{-6} \, \mathrm{A/m}^2$，经过
计算得出励磁频率 $i = (20 \sim 200) \, \mathrm{kHz}$，励磁频率 f 取平均值 110kHz。

设定传感器的结构参数等不变，磨粒大小一定，设定频率分布为 50kHz、80kHz、
90kHz、110kHz、120kHz、150kHz、200kHz，来研究励磁频率对传感器输出信号的
影响。不同频率下的磨粒感应电动势结构如图 3-17 所示。

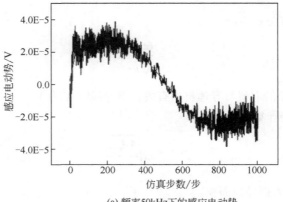

(a) 频率50kHz下的感应电动势

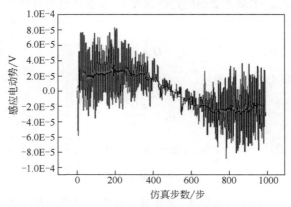

(b) 频率200kHz下的感应电动势

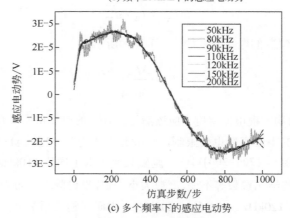

(c) 多个频率下的感应电动势

图 3-17　频率对感应电动势的影响

从图 3-17 中可以看出，当不改变其他参数时，励磁频率大小与感应信号关系较小，但当频率达到 200kHz 时，传感器输出信号波形干扰较大，所以励磁频率的选取在结合实际的同时应当合理选取，结合传感器电路特性计算确定励磁频率为110kHz 左右时较为理想。

3.5.2　磨粒直径对感应电动势的影响

设定其他参数为常量，将磨粒设定为铁磨粒，改变磨粒直径参数，得出感应电动势与磨粒直径的关系，如图 3-18 所示。

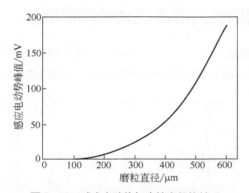

图 3-18　感应电动势与磨粒直径的关系

由图 3-18 可知，随着磨粒直径的增加，感应信号急剧增大，感应电动势和磨粒直径的三次方成正比。由于在推导过程中将磨粒认定为球体，故感应电动势与磨粒体积成正比。根据此规律可直接通过感应电动势对传感器体积进行测定。但随着磨粒直径的减小，感应电动势呈几何速度减小，这大大增加了传感器检测出微小磨粒的难度。

确定线圈及电路设置等参数，确定磨粒流经检测线圈的速度为 2m/s，研究磨粒直径大小对感应信号的影响，如图 3-19 所示的磨粒直径为 100μm、150μm、200μm、250μm、300μm、350μm、400μm。为表达清晰，图中没有显示 150μm、300μm 的磨粒结果。

从以上结果中能够看出，磨粒尺寸变大，感应电动势就增强，同时也体现出传感器对产生极弱信号的较小磨粒进行检测的困难性。

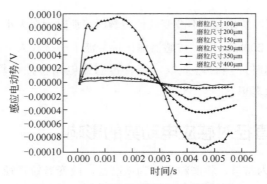

图 3-19　尺寸不同的磨粒与对应感应信号

3.5.3　传感器内径对感应电动势的影响

设定传感器励磁线圈外径比内径大 10mm，改变传感器线圈内径，控制其他参数不变，感应线圈内径与输出感应电动势峰值的关系如图 3-20 所示。

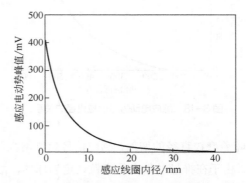

图 3-20　感应线圈内径与输出感应电动势峰值的关系

由图 3-20 可知，感应线圈内径越小，感应电动势越大，且内径越接近零，感应电动势上升趋势越明显。所以应该在保证检测精度的前提下，适当减小线圈内径。但是，线圈内径过小可能会导致多个磨粒重合的概率增大。在目前的技术水平下，还无法分辨两个位置重合的金属磨粒，所以传感器线圈内径不宜过小。

3.6　本章小结

本章建立电感式油液磨粒在线监测传感器有限元模型，研究了磨粒监测信号的特征，并分析了励磁线圈宽度、励磁线圈匝数和励磁线圈宽度等影响磨粒监测信号的因素对磁感应强度及输出感应电动势的影响，初步确定了合理的参数范围，为后续的线圈结构参数优化设计奠定了基础。主要结论如下：

① 应用毕奥-萨伐尔定律推导出，考虑线圈厚度对磁场的影响下，励磁线圈磁感应强度计算公式；将麦克斯韦方程组应用于传感器，并运用磁介质等理论，推导获得传感器内磁场求解的微分方程，可据此求解传感器全工作区域内的磁感应强度分布，再由法拉第电磁感应定律数学关系获得差动式磨粒传感器感应电动势计算公式。

② 励磁频率对磨粒感应电动势幅值的大小影响不大，但会影响信号波形的稳定性；若线圈间距相差太大或太小，输出波形则会严重失真，这样会导致在实际检测中无法提取出磨粒信号。而线圈间距为 2.5mm 时，对磨粒检测效果最佳。磨粒检测感应电动势幅值则正比于磨粒直径的三次方，即当磨粒增大时，感应电动势幅值会以三次方比例升高，相反，当磨粒非常小时，输出感应电动势则会急剧减小，这一特性也表明了对较小磨粒的检测要求会非常高。

③ 磨粒监测传感器系统能够有效检测到铁磁性磨粒与非铁磁性磨粒，并能够通过感应信号的相位有效分辨出不同种类的金属磨粒。感应线圈内径越小，感应电动势越大。在满足其他条件的情况下，降低传感器内径，能明显增强传感器的检测精度，同时说明大口径的传感器由于感应电动势太小，将很难对通过传感器的磨粒进行准确的监测，当被监测液压系统流量过大时，无法保证口径足够监测所有系统内通过的油液。

④ 改变线圈的结构参数，建立了线圈结构参数与传感器内部磁场和输出感应电动势的非线性关系曲线，分析了励磁线圈宽度、励磁线圈匝数和励磁线圈宽度对磁感应强度、磁场均匀性系数以及输出感应电动势的影响规律，初步确定了合理的参数范围，为后续的线圈结构参数优化奠定了基础。

第 4 章

传感器结构参数
优化与设计

由传感器静态分析可知优化励磁线圈匝数、励磁线圈宽度和励磁线圈间距，可以提高传感器的灵敏度和稳定性。本章从分析传感器结构优化的性能评价指标入手，对传感器结构参数优化进行建模，采用粒子群算法实现对电感式油液磨粒在线监测传感器的线圈结构参数进行优化，以提高传感器的监测性能，并进行优化后的实验验证。

4.1 传感器结构参数优化的性能评价指标

传感器性能的评价指标主要包括静态特性和动态特性：静态特性是指输入量不随时间变化时，传感器输入与输出之间的关系，主要包括线性度、灵敏度、重复性、阈值等；动态特性是指输入信号随时间变化时，传感器输入与输出的关系，主要包括时域单位阶跃响应和频域频率特性。电感式油液磨粒在线监测传感器的静态特性指标如下：

（1）线性度

如图 4-1 所示，在传感器满量程状态下，若输入量和输出量的实际曲线和拟合曲线之间存在最大偏差值 $\Delta Y_{\max}$，将最大偏差值 $\Delta Y_{\max}$ 与额定输出 Y_{FS} 的百分比定义为传感器的线性度 δ。线性度表达式为：

$$\delta = \frac{\Delta Y_{\max}}{Y_{\text{FS}}} \times 100\% \tag{4-1}$$

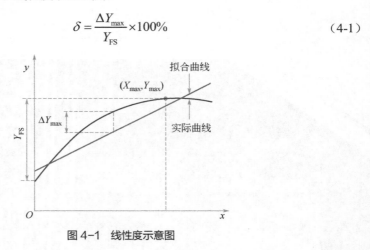

图 4-1 线性度示意图

（2）灵敏度

传感器灵敏度是指输出增量 Δy 与相应输入增量 Δx 之比。灵敏度常用 S 表示。由灵敏度定义可知：线性传感器的灵敏度为常数，即输入输出曲线的斜率；非线性传感器的灵敏度为变量，具体数值可通过输入输出关系函数的一阶导数确定。电感式油液磨粒在线监测传感器中，输出增量 Δy 即为磨粒引起的感应电动势 ΔE，输入增量 Δx 即为磨粒半径的增量变化 Δr_a，灵敏度表达式为：

$$S = \frac{\Delta E}{\Delta r_a} \tag{4-2}$$

（3）重复性

按照相同方向对同一输入量进行多次重复的测量，测量数值或者曲线的不重合程度称为传感器的重复性。传感器的重复性体现了输入和输出之间关系的稳定程度，测量结果的重合率越高，传感器性能越稳定。

（4）阈值

传感器的输入从零值开始逐渐增加，当输入值增加到输出发生可观测的变化时，此时的输入值称为传感器的阈值，即传感器可测得的最小输入值。

根据电感式油液磨粒在线监测传感器感应电动势 E 的理论公式可得到传感器输入量与输出量的关系曲线。

当磨粒的相对磁导率 μ 和速度 v 为定值时，磨粒大小与输出感应电动势的关系曲线如图 4-2 所示。由图可知，磨粒大小与输出感应电动势成非线性关系，随着磨粒直径的增大，曲线的斜率也在逐渐变大，即电感式油液磨粒在线监测传感器对大粒径磨粒的灵敏度要高于传感器监测粒径较小的磨粒时的灵敏度。

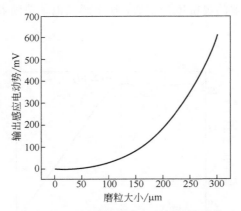

图 4-2　磨粒大小与感应电动势的关系曲线

当磨粒大小 r_a 和磨粒速度 v 为定值时，从图 4-3 中可以看出磨粒相对磁导率与输出感应电动势的关系曲线的斜率为常数，且磨粒相对磁导率越大，传感器输出的感应电动势也越大，磨粒相对磁导率与输出感应电动势成线性关系。由灵敏度 S 的计算公式可知，不同相对磁导率的磨粒通过电感式油液磨粒在线监测传感器时，传感器的灵敏度为常数。

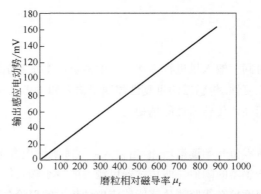

图 4-3　磨粒相对磁导率与感应电动势的关系曲线

当磨粒大小 r_a 和磨粒相对磁导率 μ_r 为定值时，磨粒速度与输出感应电动势的关系曲线如图 4-4 所示。磨粒速度小于 3.5m/s 时，输出感应电动势在 22.5mV 左右浮动，且感应电动势的波动范围较小；磨粒速度为 3.5m/s 时，输出感应电动势达到幅值 22.67mV；磨粒速度大于 3.5m/s 时，磨粒速度与输出感应电动势近似成线性关系，传感器的灵敏度为常数，输出感应电动势随着磨粒速度的增大而逐渐减小。

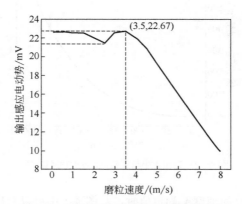

图 4-4　磨粒速度与感应电动势的关系曲线

电感式油液磨粒在线监测传感器径向磁感应强度曲线如图4-5所示，在传感器轴线方向的磁感应强度变化趋势为正弦曲线，传感器中间位置的磁感应强度为零。在相同轴向位置坐标处，靠近轴线位置处的磁感应强度较小，传感器管道内壁附近的磁感应强度较大。由于传感器径向磁感应强度的不均匀分布，当相同磨粒在不同径向位置通过时磨粒磁化程度有区别，造成传感器输出的感应电动势信号不稳定。

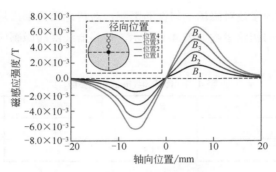

图4-5 传感器径向磁感应强度曲线

由传感器静态性能评价指标中重复性的定义可知，传感器的重复性体现了输入和输出关系的稳定程度。为提高传感器监测的稳定性，在相同轴向位置处，将位置1处的磁感应强度 B_1 与位置4处的磁感应强度 B_4 之比定义为磁场均匀性系数 K，位置1与传感器管道的圆心重合，位置4在传感器管道的内壁。磁场均匀性系数 K 接近1时，表示传感器径向的磁场分布均匀，传感器的稳定性较好；磁场均匀性系数 K 大于1时，表示传感器径向磁场分布不均匀，磁场均匀性系数越大，传感器的稳定性越差。磁场均匀性系数 K 的表达式如下：

$$K = \frac{B_4}{B_1}$$
（4-3）

通过对电感式油液磨粒在线监测传感器静态特性中线性度、灵敏度和重复性的分析可知，磨粒大小与输出感应电动势之间的线性度不好，磨粒相对磁导率和输出感应电动势是线性关系，磨粒速度与输出感应电动势之间可近似成线性关系。传感器的灵敏度与输出感应电动势大小密切相关，磁场均匀性对传感器的重复性至关重要，磁感应强度的大小和输出感应电动势的大小均与线圈结构参数有关，且与励磁线圈匝数 N_1、励磁线圈宽度 L、线圈间距 M 存在非线性关系，因此可对上述参数进行优化处理寻找最优的参数组合，达到提高磁场均匀性和增大输出感应电动势的目标，使传感器具备良好的灵敏度和稳定性。

4.2 线圈结构参数与磁场均匀性分析

4.2.1 线圈结构参数对磁场均匀性的影响

为分析线圈结构参数对磁场均匀性的影响，对传感器内部磁场进行有限元仿真分析。传感器线圈的初始参数如表 4-1 所示，传感器线圈的磁感应强度分布云图如图 4-6 所示。

表 4-1 传感器线圈的初始参数

线圈	内径/mm	宽度/mm	匝数/匝	间距/mm
感应线圈	5	2	90	2.5
励磁线圈	5	2.5	120	2.5

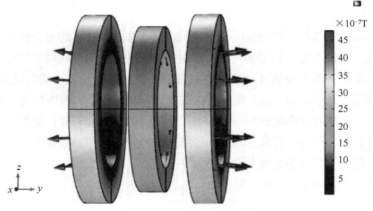

图 4-6 传感器线圈的磁感应强度分布云图

（1）线圈内径对磁场均匀性的影响

从图 4-7（a）中可以看出，随着线圈内径 R_1 的变大，磁感应强度在逐渐变小，磁感应强度增长的趋势也在减缓。当线圈内径为 5mm、径向位置为 3mm 时，磁感应强度的变化趋势明显；线圈内径 9mm 和 10mm 的曲线基本重合。图 4-7（b）中的曲线呈明显的下降趋势，在线圈内径为 5~7mm 时，磁感应强度的比值 K 下降的速度快，线圈内径大于 7mm 之后，K 值变换相对平缓。

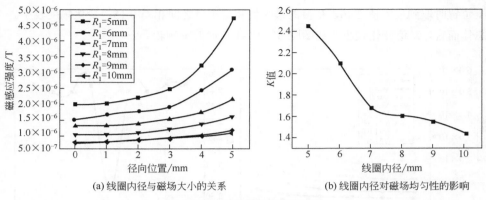

(a) 线圈内径与磁场大小的关系　　　　　(b) 线圈内径对磁场均匀性的影响

图 4-7　线圈内径对磁场的影响

（2）线圈宽度对磁场均匀性的影响

从图 4-8（a）中可以看出，径向位置 0～3mm 时磁感应强度的变化不明显，在径向位置为 5mm 时，磁感应强度变化明显，并且线圈宽度越小，在线圈内侧的磁感应强度越大。由图 4-8（b）可知，K 值与线圈宽度呈负相关。当线圈宽度较小时，宽度增加使得 K 值明显下降；当线圈宽度逐渐变大时，K 值变化幅值下降；线圈宽度大于 8mm 时，K 值逐渐趋于平稳。

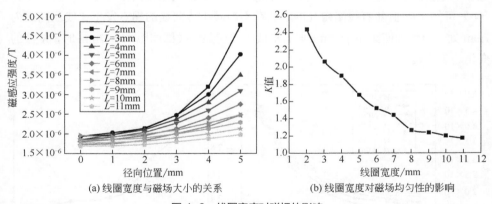

(a) 线圈宽度与磁场大小的关系　　　　　(b) 线圈宽度对磁场均匀性的影响

图 4-8　线圈宽度对磁场的影响

（3）线圈匝数对磁场均匀性的影响

由图 4-9（a）可知，随着匝数 N 的增加线圈磁感应强度也在不断增加，并且随着径向位置的改变磁感应强度的变化较为均匀。由图 4-9（b）可知，匝数与 K 值图像呈"凹"形变化，当匝数为 100 匝时，K 值达到最小值 2.31，分别在 80 匝和 120

匝位置时取到最大值 2.46，K 值的最大值和最小值之间相差 0.15，变化幅度较小。总体而言，K 值变化较小，线圈匝数变化对 K 值的影响较弱。

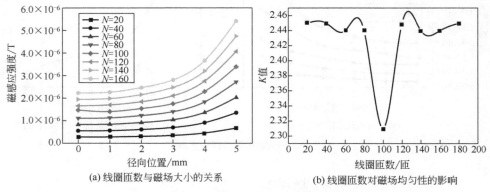

(a) 线圈匝数与磁场大小的关系　　　　(b) 线圈匝数对磁场均匀性的影响

图 4-9　线圈匝数对磁场的影响

（4）线圈间距对磁场均匀性的影响

由图 4-10（a）可知，线圈间距 M 对轴线磁感应强度大小的影响比较明显，随着径向位置的升高，磁感应强度的变化越小，在径向位置为 5mm 时，线圈间距对磁感应强度的影响较弱，线圈间距为 8mm 和 9mm 的两条曲线基本重合。由图 4-10（b）可知，K 值随着线圈内径的增加在不断减小，曲线的拐点发生在线圈间距为 7mm 处，当线圈间距小于 7mm 时，K 值下降明显，线圈间距大于 7mm 时，K 值的变化趋于平缓。

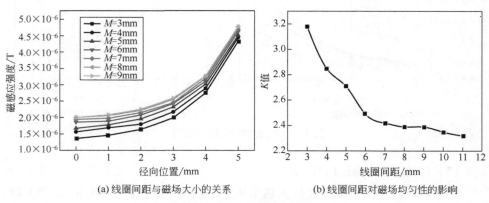

(a) 线圈间距与磁场大小的关系　　　　(b) 线圈间距对磁场均匀性的影响

图 4-10　线圈间距对磁场的影响

4.2.2 正交试验分析线圈参数对磁场均匀性的影响

为了分析线圈内径、线圈宽度、线圈匝数和线圈间距对磁场均匀性 K 值的综合影响，同时选取最优的线圈参数组合，结合正交试验数据分布均匀、试验简单的特点，选用正交试验分析方法对线圈参数进行仿真优化。

（1）正交试验方案

线圈内径、线圈宽度、线圈匝数和线圈间距分别用 R、L、N、M 表示，且作为正交试验的 4 个因素。通过上面的仿真结果分析，4 个水平的取值如表 4-2 所示。

表 4-2　正交试验参数及水平值

水平	试验参数			
	R	L	N	M
1	6	7.8	95	6
2	7	8.0	100	7
3	8	8.5	105	8
4	9	9.0	110	9

正交试验表 L_{16}（4^5）如表 4-3 所示，其中 E 为误差列，各组试验的励磁频率、交流电流、线圈导线直径均相同。

表 4-3　正交试验表

序号	因素					K
	R	L	N	M	E	
1	1	1	1	1	1	1.383
2	1	2	2	2	2	1.323
3	1	3	3	3	3	1.258
4	1	4	4	4	4	1.282
5	2	1	2	3	4	1.295
6	2	2	1	4	3	1.288
7	2	3	4	1	2	1.294
8	2	4	3	2	1	1.257
9	3	1	3	4	2	1.309
10	3	2	4	3	1	1.290
11	3	3	1	2	4	1.281
12	3	4	2	1	3	1.280
13	4	1	4	2	3	1.275
14	4	2	3	1	4	1.236
15	4	3	2	4	1	1.243
16	4	4	1	3	2	1.284

（2）极差分析

在试验范围内，通过极差分析能够对试验指标的影响从小到大进行排序，得出理想的优化参数。极差分析结果如表 4-4 所示。

表 4-4　极差分析结果

极差	R	L	N	M
1	1.3105	1.3155	1.309	1.2983
2	1.2835	1.2843	1.2853	1.2840
3	1.290	1.269	1.265	1.2818
4	1.2595	1.2758	1.2853	1.2805
D	0.051	0.0465	0.044	0.0178
优水平	R_4	L_3	N_3	M_4

由表 4-4 可知，线圈参数最优的组合为：R_4=9mm、L_3=8.5mm、N_3=105 匝、M_4=9mm。极差从大到小的顺序为：$D_R>D_L>D_N>D_M$，即线圈参数对 K 值影响最大的为线圈内径，其次是线圈宽度，然后是线圈匝数，影响最小的为线圈间距。

（3）方差分析

方差分析结果如表 4-5 所示。通过方差分析，可以得到传感器线圈参数的显著性，通过显著性判断可以得出影响传感器内部磁场均匀性的关键线圈参数。

表 4-5　方差分析结果

参数	偏差平方和	自由度	方差	F	显著性
R	5.30×10^{-3}	3	1.77×10^{-3}	8.88	显著
L	5.10×10^{-3}	3	1.70×10^{-3}	8.55	显著
N	3.88×10^{-3}	3	1.29×10^{-3}	6.51	显著
M	0.81×10^{-3}	3	0.27×10^{-3}	1.36	不显著
E	2.39×10^{-3}	12	0.20×10^{-3}	—	—

通过查找标准的方差统计量表，在检验水平 α 取不同值的情况下，分别找到表中相应的 F 值，然后与表 4-5 中求得的 F 值进行比较，对比结果如图 4-11 所示。从图中可得：$F_R > F_L > F_N > F_{0.01}$（3，12）$>F_{0.05}$（3，12）$>F_{0.10}$（3，12）$>F_M$。结果表明线圈内径、线圈宽度和线圈匝数对传感器线圈内部磁场的均匀性有显著的影响，线圈间距对磁场的均匀性影响不显著，在传感器线圈优化设计的过程中应首先考虑前面三者的参数。

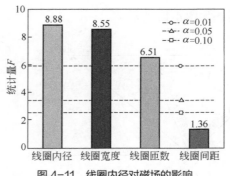

图 4-11　线圈内径对磁场的影响

4.3　传感器线圈结构参数优化建模

4.3.1　粒子群优化算法概述

基于"种群"和"进化"概念的粒子群算法，在群体个体处理上不同于其他算法采用个体交叉、变异、选择的方式，而是将个体看成是在搜索空间中没有质量和体积的粒子，通过速度-位移模型实现对候选解的进化，从而避免了复杂的操作，实现了简单高效的并行搜索寻优。1995 年，美国工程师 Russell Eberhart 和心理学家 James Kennedy 受到鸟类群体觅食的启发，共同提出了粒子群算法。将鸟类的飞行空间比作一个 D 维的搜索空间，鸟群看成由 N 个粒子组成的群落，粒子群中的一个没有质量和体积的粒子代表鸟群中的一只鸟，鸟群寻找食物的过程看成粒子群寻优的过程，每一个粒子以一定的速度向自身最佳位置 p_{best} 和群体最佳位置 g_{best} 聚集，实现对候选解的进化。粒子群算法的数学模型如下所示：

$$v_i(t+1) = v_i(t) + c_1 r_1(t)[p_{best i}(t) - x_i(t)] + c_2 r_2(t)[g_{best}(t) - x_i(t)] \quad (4\text{-}4)$$

$$x_i(t+1) = x_i(t) + v_i(t+1) \quad (4\text{-}5)$$

式中，$i = 1, 2, \cdots, N$；t 为当前的迭代次数；v_i 为粒子当前速度；c_1 和 c_2 为学习因子；r_1 和 r_2 是介于 0 和 1 之间的随机数。由式（4-4）可知，粒子下次迭代的速度 $v_i(t+1)$ 由三部分组成：第一部分为粒子当前的速度 v_i，表示粒子有维持当前速度的趋势；第二部分为 $c_1 r_1(t)[p_{best i}(t) - x_i(t)]$，表示粒子向自身历史最佳位置靠近的趋势；第三部分为 $c_2 r_2(t)[g_{best}(t) - x_i(t)]$，表示粒子向群体历史最佳位置靠近的趋势。由式（4-5）可知，粒子速度的迭代变化影响着粒子空间中位置 x_i 的改变。粒子群算法优化过程的矢量示意图如图 4-12 所示。

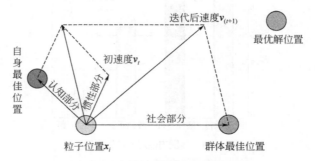

图 4-12　粒子群算法优化过程矢量示意图

1998 年，史玉回将惯性权重系数 ω 代入粒子群算法，使粒子群算法优化过程中局部搜索能力和全局搜索能力得到很好的均衡，提高了算法的收敛效果。带有惯性权重系数 ω 的粒子群算法如下所示：

$$v_i(t+1) = \omega v_i(t) + c_1 r_1(t)[p_{\text{best}i}(t) - x_i(t)] + c_2 r_2(t)[g_{\text{best}}(t) - x_i(t)] \tag{4-6}$$

$$x_i(t+1) = x_i(t) + v_i(t+1) \tag{4-7}$$

惯性权重系数 ω 较大时，算法的全局收敛能力较强。惯性权重系数 ω 较小时，算法的局部收敛能力较强。为了保证算法前期能以较大速度在全局范围搜索最优解，后期在极值点局部范围完成精细搜索，惯性权重系数 ω 需要在算法运行全程进行动态的变化。几种动态惯性权重系数 ω 的表达式如下所示：

$$\omega = \omega_{\min}\left(\frac{\omega_{\max}}{\omega_{\min}}\right)^{1/(1+ct/T_{\max})} \tag{4-8}$$

$$\omega = \frac{\omega_{\max}(\omega_{\max} - \omega_{\min})t}{T_{\max}} \tag{4-9}$$

$$\omega = \omega_{\max} - \frac{(\omega_{\max} - \omega_{\min})t^2}{T_{\max}^2} \tag{4-10}$$

$$\omega = \omega_{\max} + (\omega_{\max} - \omega_{\min})\left[\frac{2t}{T_{\max}} - \left(\frac{t}{T_{\max}}\right)^2\right] \tag{4-11}$$

式中，t 为当前的迭代次数；$T_{\max}$ 为最大迭代步数；$\omega_{\max}$ 和 $\omega_{\min}$ 分别为最大惯性权重系数和最小惯性权重系数，通常情况下，$\omega_{\max}$ 取值为 0.9，$\omega_{\min}$ 取值为 0.4。图 4-13 所示为几种动态惯性权重系数 ω 的变化曲线。

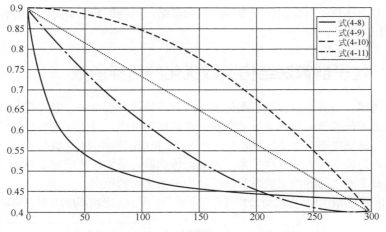

图 4-13　动态惯性权重系数 ω 的变化曲线

4.3.2　粒子群优化算法流程

在复杂搜索空间中粒子群算法通过粒子间的协作和竞争，完成最优解的搜索。粒子群算法的运算步骤为：

① 初始化粒子群的群体规模 N、粒子的位置 x_i 和粒子的速度 v_i。

② 通过优化目标函数 $f(x)$，计算出每个粒子的目标函数适应值 $f(x_i)$。

③ 比较每个粒子的目标函数适应值 $f(x_i)$ 与个体极值 $p_{best}(i)$，若目标函数适应值 $f(x_i)$ 更优，则个体极值 $p_{best}(i)$ 的数值更新为目标函数适应值 $f(x_i)$ 的数值。

④ 比较每个粒子的目标函数适应值 $f(x_i)$ 与全局极值 g_{best}，若目标函数适应值 $f(x_i)$ 更优，则全局极值 g_{best} 的数值更新为目标函数适应值 $f(x_i)$ 的数值。

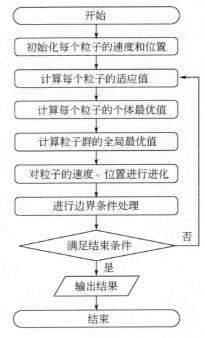

⑤ 由粒子群算法数学模型完成粒子速度 v_i 和粒子位置 x_i 的迭代更新。

⑥ 通过边界条件处理使粒子在可行域内进行搜索。

⑦ 判断是否满足结束条件，若满足结束条件，算法结束运行，输出结果；若不满足结束条件，则返回步骤②，开始新一轮的迭代寻优。

通过对上述粒子群算法运行步骤的归纳总结，绘制的粒子群算法运行流程图如图 4-14 所示。

4.3.3 粒子群算法结构参数优化的目标函数

由对电感式油液磨粒在线监测传感器的静态特性分析可知：通过优化线圈结构参数可以增大传感器输出感应电动势和内部磁场均匀性，进而提高传感器的灵敏度和稳定性。励磁线圈宽度 L、励磁线圈匝数 N_1 和线圈间距 M 参数与输出感应电动势和磁场均匀性系数为非线性关系，为保证传感器磁场均匀性确定了励磁线圈宽度和感应线圈宽度之间的约束关系和线圈结构参数优化的范围。

根据传感器输出感应电动势公式可得粒子群算法优化线圈结构参数的目标函数为：

$$
f(L, N_1, M) = \left[(M+L+5)\ln \frac{\left(5+\dfrac{0.03N_1}{L}\right)+\sqrt{\left(5+\dfrac{0.03N_1}{L}\right)^2+\left(\dfrac{M+L+10}{2}\right)^2}}{5+\sqrt{25+\left(\dfrac{M+L+10}{2}\right)^2}} \right.
$$

$$
+ (M+L-5)\ln \frac{\left(5+\dfrac{0.03N_1}{L}\right)+\sqrt{\left(5+\dfrac{0.03N_1}{L}\right)^2+\left(\dfrac{M+L-10}{2}\right)^2}}{5+\sqrt{25+\left(\dfrac{M+L-10}{2}\right)^2}}
$$

$$
- (M-L+5)\ln \frac{\left(5+\dfrac{0.03N_1}{L}\right)+\sqrt{\left(5+\dfrac{0.03N_1}{L}\right)^2+\left(\dfrac{M-L+10}{2}\right)^2}}{5+\sqrt{25+\left(\dfrac{M-L+10}{2}\right)^2}}
$$

$$
\left. - (M-L-5)\ln \frac{\left(5+\dfrac{0.03N_1}{L}\right)+\sqrt{\left(5+\dfrac{0.03N_1}{L}\right)^2+\left(\dfrac{M-L-10}{2}\right)^2}}{5+\sqrt{25+\left(\dfrac{M-L-10}{2}\right)^2}} \right]
$$

（4-12）

优化目标函数中各参数的优化范围为：$L \in [0,18]$(mm)，$N_1 \in [50,300]$，$M \in [0,6]$(mm)。参数的约束关系为：$L \geqslant 3m$。通过在参数范围内寻找最大的目标函数适应值 $f(x_i)$，从而确定最优的线圈参数组合。

4.3.4 粒子群算法优化结果分析

粒子群优化算法的关键参数设置如表 4-6 所示。在该参数设置环境下算法运行 100 次后，绘制目标函数适应度平均值的收敛曲线。

表 4-6　粒子群优化算法的关键参数设置

种群规模 N	粒子维数 D	迭代次数 t	学习因子 c	惯性系数 ω	粒子速度 v	参数范围
30	3	300	$c_1 = 1.5$ $c_2 = 1.5$	$\omega_{\min} = 0.4$ $\omega_{\max} = 0.9$	$v_{\min} = -1$ $v_{\max} = 1$	$L \in [0,18]$ (mm) $M \in [0,6]$ (mm) $N_1 \in [50,300]$

运用四种动态惯性权重系数公式对目标函数求解后绘制的适应度平均值收敛曲线如图 4-15 所示。图 4-15（a）为运用动态惯性权重系数公式（4-8）求得的适应度

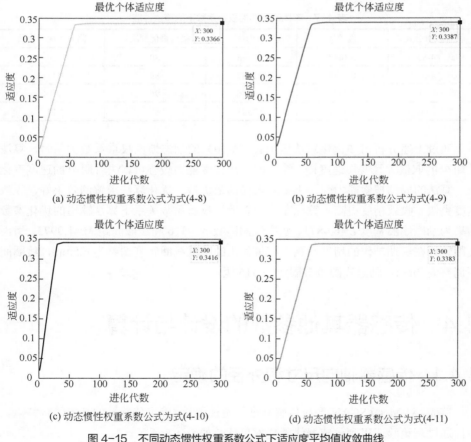

(a) 动态惯性权重系数公式为式(4-8)

(b) 动态惯性权重系数公式为式(4-9)

(c) 动态惯性权重系数公式为式(4-10)

(d) 动态惯性权重系数公式为式(4-11)

图 4-15　不同动态惯性权重系数公式下适应度平均值收敛曲线

平均值收敛曲线，迭代次数达到 61 次后算法逐渐收敛，收敛后的适应度平均值为 0.3366。图 4-15（b）为运用动态惯性权重系数公式（4-9）求得的适应度平均值收敛曲线，迭代次数达到 54 次后算法逐渐收敛，收敛后的适应度平均值为 0.3387。图 4-15（c）为运用动态惯性权重系数公式（4-10）求得的适应度平均值收敛曲线，迭代次数达到 37 次后算法逐渐收敛，收敛后的适应度平均值为 0.3416。图 4-15（d）为运用动态惯性权重系数公式（4-11）求得的适应度平均值收敛曲线，迭代次数达到 56 次后算法逐渐收敛，收敛后的适应度平均值为 0.3383。

通过表 4-7 中的内容可以对 4 种动态惯性权重系数下的算法性能进行分析。在 4 种动态惯性权重系数下算法求得的最优值均为 0.3447，其中动态惯性权重系数关系式为式（4-10）时，算法接近最优解的次数为 96 次，目标函数适应度平均值也最接近最优值结果且误差为 0.0031，该算法的性能明显高于运用其他 3 种动态惯性权重系数关系式下算法的性能。

表 4-7　不同动态惯性权重系数下的算法性能

惯性权重公式	最优值	平均值	接近最优解次数	陷入次优解次数
式（4-8）	0.3447	0.3366	80	20
式（4-9）	0.3447	0.3387	89	11
式（4-10）	0.3447	0.3416	96	4
式（4-11）	0.3447	0.3383	88	12

通过上述分析可知优化算法运用式（4-10）的动态惯性权重系数关系时，算法前期 ω 的取值大且变换速度慢，算法的全局搜索能力较强，算法后期 ω 的速度变化快，算法的局部搜索能力强，不易陷入局部最优解。优化算法求解的效果好、收敛速度更快、收敛精度更高。算法在该动态惯性权重系数关系下算法输出的优化参数结果为励磁线圈宽度 L=6.4871、励磁线圈匝数 N_1=316 和线圈间距 M=1.9975。考虑线圈轮毂在后期制作的精度问题，可将优化的励磁线圈宽度调整为 6.5mm，线圈间距调整为 2mm，励磁线圈匝数固定为 316 匝。

4.4　传感器其他参数的设计与计算

4.4.1　传感器轴向尺寸和外径的确定

首先，对 Metal SCAN 磨粒传感器进行透视测量，确定传感器的基本结构特点，然后通过理论验证得到传感器线圈基本尺寸，如表 4-8 所示。

表 4-8　线圈结构尺寸

结构参数	内径/mm	线圈宽度/mm	间隙/mm
励磁线圈 1	10	2	2.5
励磁线圈 2	10	2	2.5
感应线圈	10	2	2.5

确定励磁线圈的外径前,需要知道缠绕铜线匝数以及线径,且骨架内径为 10mm,加工合适的骨架和外壳等,其三维实体如图 4-16 所示。

线圈内径相等均是 10mm,感应线圈 95 匝,励磁线圈 140 匝,铜线 0.2mm,包漆则为 0.28mm,线圈宽度 2mm。经过计算,励磁线圈每层可绕 7.143 圈,总共可绕 19.6 层,由此就能计算出励磁线圈的外径是 20.9mm。同理,感应线圈的外径是 17.4mm。为了方便加工实物,励磁线圈外径取 20mm,感应线圈取 17mm。图 4-17 所示显示了骨架的基本结构尺寸。

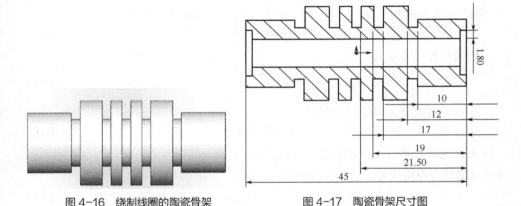

图 4-16　绕制线圈的陶瓷骨架　　　　　图 4-17　陶瓷骨架尺寸图

4.4.2　传感器电路参数的确定

根据电感式三线圈的工作原理,传感器电路参数的确定主要是确定励磁源频率和电流的大小。如图 4-18 所示,线圈缠绕所用的是线径为 D 的铜线,其横截面面积为 A,当线圈处于高频交流电时,会使铜线截面上径向电流分布不均匀,使得靠近导体表面的区域电流表现集中。这就使铜线内部成直流电,外侧部分则为交流电,在导体表面区域,电流形成一层薄膜,所以,在最外层表面电流密度的值最大,即导体出现趋肤效应现象。这种现象会使导体内部的电流减小,内阻增大。当线圈处于高频励磁源中时,铜线有效截面积减小,用趋肤深度 $\varDelta$ 来表示,其表达式可用式(4-13)表示。

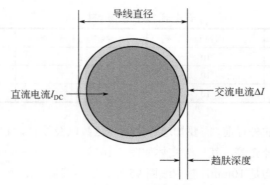

图4-18 传感器线圈铜线

$$\varDelta = \sqrt{\frac{2}{\mu \omega \gamma}} \qquad (4\text{-}13)$$

式中，铜线相对磁导率为1，即$\mu = 1$，$\mu_0 = 4\pi \times 10^{10}\,\mathrm{H/m}$；$\omega$为励磁角频率，$\omega = 2\pi f$；$\gamma$为铜线电导率，$\gamma = 58 \times 10^6\,(\mathrm{s/m})$。铜线的有效直径为：

$$D_\mathrm{e} = D - 2\varDelta \qquad (4\text{-}14)$$

则铜线有效面积为：

$$A_\mathrm{e} = \frac{\pi D_\mathrm{e}^2}{4} \qquad (4\text{-}15)$$

因此，高频交流部分截面面积为：

$$A_\omega = A - A_\mathrm{e} \qquad (4\text{-}16)$$

上式也表明了导线表层的截面面积。直流电流密度记为J_d，高频交流电感产生电流I的均方根电流$I_\mathrm{i} = I/\sqrt{2}$，则电流密度为：

$$J_\mathrm{e} = I_\mathrm{i}/A_\omega \qquad (4\text{-}17)$$

一般线圈的允许电流密度为$i = (2.5\sim3) \times 10^{-6}\,\mathrm{A/m^2}$，并且$J_\mathrm{e} < J_\mathrm{d}$，计算得$f = (20\sim200)\,\mathrm{kHz}$，取$f = 107\,\mathrm{kHz}$，$I \leqslant 0.15\mathrm{A}$。

对于磨粒监测传感器来说，增大电源电流能相应减小某些干扰信号的影响，传感器的灵敏度与电源电流的大小成正比。但电源电流的增大会导致线圈发热、磁路饱和、电磁吸力等问题，所以并不能盲目增大电源电流。

电源电压U加在两个励磁线圈上，设每个线圈上的压降为U_1、U_2，且$U = U_1 + U_2$，设电流圆频率为ω，则有：

$$U_1 = I\sqrt{R_1^2 + (\omega L_1)^2} \qquad (4\text{-}18)$$

$$U_2 = I\sqrt{R_2^2 + (\omega L_2)^2} \qquad (4\text{-}19)$$

$$U = I\left[\sqrt{R_1^2 + (\omega L_1)^2} + \sqrt{R_2^2 + (\omega L_2)^2}\right] \qquad (4\text{-}20)$$

设 $R_{c1}^2 = R_1^2 + (\omega L_1)^2$、$R_{c2}^2 = R_2^2 + (\omega L_2)^2$，由于电阻功率主要消耗在发热上，为避免因温度过高而影响测量精度与传感器的工作稳定性，达到一定功率必须满足相应的散热面积。电阻消耗功率的计算公式为：

$$P = I^2(R_{c1} + R_{c2}) \qquad (4\text{-}21)$$

每瓦功率需要的散热面积的计算公式为：

$$A' = (8 \sim 14) \times 10^{-4} P \qquad (4\text{-}22)$$

设线圈外边面积为 A_0，则应满足 $A_0 \geqslant PA' = I^2(R_{c1} + R_{c2})A'$，即：

$$I \leqslant \sqrt{A_0 / \left[(R_{c1} + R_{c2})A'\right]} \qquad (4\text{-}23)$$

另外，对流经线圈的电流密度也要限制，查表可知电流密度允许的范围是 $i = (2.5 \sim 3) \times 10^{-6} \, \text{A}/\text{m}^2$，取电流密度 $i = 3 \times 10^{-6} \, \text{A}/\text{m}^2$，计算时电流大小满足：

$$I \leqslant \frac{\pi d^2}{4} i \qquad (4\text{-}24)$$

式中，d 为线圈漆包线直径。经计算可知：励磁电路电流 $I \leqslant 0.15\text{A}$，取励磁电流 $I = 0.15\text{A}$。

根据以上计算得到传感器电路的工作参数，如表 4-9 所示。

表 4-9　传感器电路工作参数

工作参数	励磁频率/kHz	电流密度/($\times 10^{-6}$ A/m²)	激励电流/A
取值	107	3	0.15

4.5　本章小结

本章分析了磨粒监测传感器结构优化的性能评价指标，对传感器线圈结构进行参数化建模，并进行了传感器轴向尺寸及电路参数的分析与计算。基于粒子群算法进行线圈的主要结构参数优化分析，以优化电感式油液磨粒在线监测传感器的灵敏度为目标，根据传感器输出感应电动势理论公式和传感器内部磁场均匀性分析结果，提出了优化的目标函数以及线圈结构参数之间的约束关系。基于粒子群算法建立了电感式油液磨粒在线监测传感器线圈参数优化模型，对比分析了 4 种动态惯性权重系数关系下算法的收敛速度和收敛精度，选用了算法接近最优解次数最多的优化参数结果，以及输出的优化线圈结构参数。

第**5**章

高灵敏度感应信号检测方法

机械系统正常运行阶段磨粒粒度一般为 20～50μm；初期异常磨损阶段磨粒粒度为 50～100μm；而严重磨损阶段磨粒粒度将大于 100μm。因此，通过在线监测粒度为 50～100μm 的磨粒可获知机械系统是否达到初期异常磨损阶段，及时发现潜在故障。而目前大流量（10L/min）的油液磨粒在线监测传感器只能有效检测粒度大于 120μm 的铁磁性磨粒，无法对初期异常磨损阶段的油液磨粒进行有效监测。因此，研究如何提高磨粒监测传感器的检测灵敏度，是提高油液监测信息准确度和故障预警有效性的关键。目前一些采用微流道、平面线圈结构的传感器已能够准确检测到粒度为 50μm 以下的小磨粒，但由于其微型流道的尺寸过小，难以应用于油液流量较大的工程领域。可见现阶段的传感器技术研究，存在着高灵敏度需求和较大油液流量的矛盾。

为提高传感器检测灵敏度，探讨添加高磁导率铁芯和谐振电路两种提高磨粒检测灵敏度的方法。感应电动势较为微弱，为了满足精确判断磨粒性质与粒度的要求，对微弱磨粒信号进行快速提取，并对磨粒检测的感应信号进行小波滤波，以实现高灵敏度感应信号的检测目的。

5.1　添加高磁导率铁芯方法提高检测灵敏度

5.1.1　应用高磁导率铁芯的电磁式传感器结构

通过提高金属磨粒通过电磁式监测传感器时的背景磁场强度，可以实现对较小尺寸（直径小于 100μm）金属磨粒的检测，进而提高传感器的检测能力和灵敏度。在传统的平行三线圈传感器的基础上，通过为传感器励磁线圈及感应线圈包裹高磁导率材料，减少漏磁，提高线圈内部背景磁场强度，进而提高传感器输出感应电动势强度。

添加高磁导率铁芯的三线圈磨粒监测传感器结构如图 5-1 所示。该传感器由两侧励磁线圈（参数相同，绕制方向相反）和中间感应线圈共同构成，添加的高磁导率材料均匀覆盖于各铁芯外侧，线圈基体外包裹屏蔽层，屏蔽层由导电硅橡胶片制成。其具体结构参数如表 5-1 所示。传感器励磁线圈由 100kHz 以上的高频交变电压进行励磁，因此所添加的高磁导率材料选用符合高频环境要求的纳米晶合金，其相对磁导率为 10000。该材料与传统软磁材料相比，具有高饱和磁感应强度、高磁导率、高频交变磁场中很低的损耗、温度恒定性好、体积小的特点。

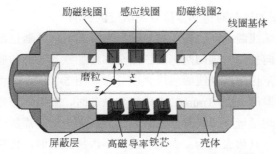

图 5-1　加入高磁导率铁芯的三线圈磨粒监测传感器结构

表 5-1　传感器结构参数

铁芯厚度 H_{core} /mm	励磁电流 I /A	励磁频率 f /kHz	管径 ϕ_1 /mm	漆包线径 ϕ_2/mm	感应线圈匝数 N_i/匝	励磁线圈匝数 N_e/匝
0.05～0.15	0.24	107	6	0.25	130	180

5.1.2　铁芯结构对传感器性能的影响

对添加高磁导率铁芯的电磁式磨粒监测传感器进行有限元分析，建模中考虑到磁感应电流，物理场用典型的 A/V 方程式来描述磁矢势和电动势。关于微小磨粒与传感器线圈以及高磁导率铁芯间耦合关系的分析，主要为电场和磁场的求解，因此需根据安培定律建立电磁场模型，并增加电路物理场，从而实现电场和磁场的耦合。

在 Comsol 中建立添加高磁导率铁芯的磨粒监测传感器二维轴对称模型，如图 5-2 所示，仿真模型的基本参数设置如表 5-2 所示。

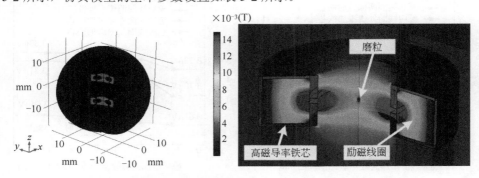

图 5-2　添加高磁导率铁芯的磨粒监测传感器 Comsol 仿真分析模型

表 5-2　仿真模型的基本参数设置

铁芯厚度 H_{core} /mm	励磁电流 I /A	励磁频率 f /kHz	管径 ϕ_1 /mm	漆包线径 ϕ_2 /mm	感应线圈匝数 N_c /匝	励磁线圈匝数 N_i /匝
0.2～1.2	0.24	107	6	0.25	130	180

（1）感应线圈加铁芯对传感器检测灵敏度的影响

为了研究为感应线圈不同位置添加高磁导率铁芯对传感器检测灵敏度的影响，分别对感应线圈径向外侧、轴向两侧及三侧全部添加铁芯时的传感器特性进行有限元分析。不同情况下传感器轴线磁感应强度分布如图 5-3 所示。由图可见，在感应线圈不同位置添加厚度 0.2～1mm 的高磁导率铁芯时，随着铁芯厚度的增加，传感器轴线磁感应强度均呈现小幅提升。同时，感应线圈中铁芯添加位置也会影响磁感应强度的提升效果，具体表现为：当感应线圈不添加铁芯时，传感器轴线磁感应强度仅为 3.99mT；当在感应线圈外侧、轴向两侧和外部三侧分别添加厚度 1mm 的铁芯时，传感器轴线磁感应强度分别上升至 4.14mT、4.51mT 和 4.67mT，较未添加铁芯时，磁感应强度同比提高了 3.8%、13%及 17%。结果表明，感应线圈三侧全部添加高磁导率铁芯，可有效提高传感器轴线磁感应强度，有助于提高传感器输出的感应电动势幅值。此时，直径 100μm 的金属磨粒引起的传感器输出感应电动势结果如图 5-4 所示。由图可知，增加铁芯厚度可有效提高传感器输出感应电动势，且在传感器三侧均添加高磁导率铁芯时，传感器检测灵敏度最高。具体表现为：当感应线圈不添加铁芯时，该磨粒引起的传感器输出感应电动势仅为 3.58μV；当在感应线圈外侧、轴向两侧和外部三侧分别添加厚度 1mm 的铁芯时，传感器输出感应电动势分别增加至 3.64μV、3.81μV 和 3.83μV，同比增加了 1.7%、6.4%和 7.0%。因此，在传感器感应线圈三侧均添加高磁导率铁芯有助于提高传感器检测灵敏度，增强传感器对微小磨粒的检测能力。

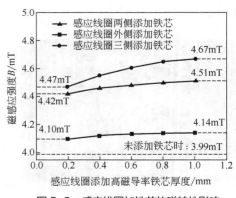

图 5-3　感应线圈加铁芯的磁特性影响　　　图 5-4　感应线圈加铁芯的灵敏度影响

（2）励磁线圈加铁芯对传感器检测性能的影响

为了研究励磁线圈添加高磁导率铁芯后对传感器检测灵敏度的影响，分别对励磁线圈径向外侧、轴向两侧、三侧全部添加铁芯时的传感器特性进行了仿真分析。

不同情况下传感器轴向截面磁感应强度分布云图如图 5-5 所示。图 5-5（a）描述了未添加励磁线圈铁芯时，传感器内部磁感应强度分布；在线圈径向外侧添加铁芯时［如图 5-5（b）所示］，铁芯阻挡了磁场向径向外侧方向的泄漏，使传感器内部磁感应强度得到了小幅提升；在线圈轴向两侧添加铁芯时［如图 5-5（c）所示］，磁场沿轴向方向的泄漏得到了限制，传感器内部磁感应强度得到了进一步提升；在线圈三侧均添加铁芯时［如图 5-5（d）所示］，铁芯有效阻挡了磁感应强度向各无效方向的泄漏，此时，线圈产生的磁场全部由铁芯导向传感器轴线一侧，大幅增加了传感器内部磁感应强度。

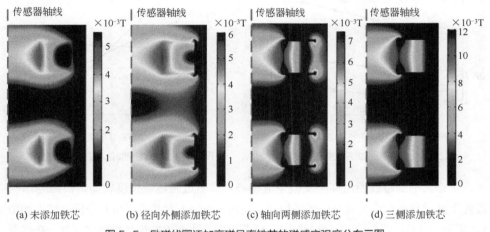

(a) 未添加铁芯　　(b) 径向外侧添加铁芯　　(c) 轴向两侧添加铁芯　　(d) 三侧添加铁芯

图 5-5　励磁线圈添加高磁导率铁芯的磁感应强度分布云图

为励磁线圈以不同方式添加厚度 0.2～1mm 的高磁导率铁芯后产生的磁感应强度分布如图 5-6 所示。可见，随着铁芯厚度的增加，传感器轴线磁感应强度呈现小幅上升；当在传感器三侧均添加高磁导率铁芯时，传感器轴向磁感应强度得到了较大程度的提升。以在励磁线圈外侧、轴向两侧和外部三侧分别添加厚度 0.2mm 的铁芯为例，传感器轴向磁感应强度分别为 4.05mT、5.20mT 及 6.52mT，相比于未添加铁芯时，磁感应强度同比提高了 1.5%、30.3% 及 63.4%。

进一步对不同情况下 100μm 金属磨粒引起的传感器输出感应电动势进行分析研究，结果如图 5-7 所示。未添加励磁线圈铁芯时，传感器输出感应电动势为 3.58μV；当仅在传感器径向外侧添加铁芯时，随着铁芯厚度的增加，传感器输出感应电动势小幅增加（当铁芯厚度为 0.2mm 时，感应电动势幅值为 3.71μV；当铁芯厚度增加至 1.0mm 时，感应电动势幅值仅增加至 3.77μV）；但在传感器轴向两侧及三侧均添加高磁导率铁芯时，铁芯厚度的增加会显著降低传感器输出感应电动势，铁芯厚度为 0.2mm 时，传感器输出感应电动势分别为 3.96μV 及 4.24μV，相比于未添加铁芯时，感应电动势幅值分别提升了 10.6%及 18.4%。当添加铁芯的厚度大于 0.6mm时，在励磁线圈径向外侧添加铁芯对感应电动势的提升效果优于其他两种铁芯添加方式，但此时感应电动势最大值（铁芯厚度为 1.0mm 时）仍低于使用其他两种方式添加较薄铁芯的情况。故为了获得更高的传感器检测灵敏度，可在励磁线圈三侧均添加厚度较小的高磁导率铁芯。

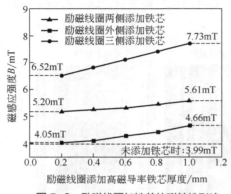

图 5-6　励磁线圈加铁芯的磁特性影响

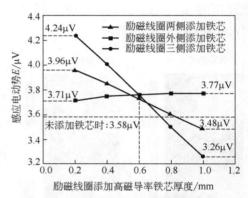

图 5-7　励磁线圈加铁芯的灵敏度影响

传感器中励磁线圈由高频交变电流励磁，其附近磁感应强度较高，高磁导率铁芯处于此背景中会产生较高的磁能损耗，使用 Comsol 对其进行仿真分析，结果如图 5-8 所示。可见，随着铁芯厚度的增加，铁芯内部产生的磁能损耗均随之增加，在线圈三侧均添加铁芯时，所产生的磁能损耗远大于其他两种添加方式。以在线圈三侧均添加厚度为 1.0mm 铁芯的情况为例，铁芯内部磁能损耗为 $3.45×10^{-11}$W，其相比于在线圈两侧及线圈径向外侧添加铁芯时的磁能损耗分别增加了 308.8%及 773.4%。

此时，在励磁线圈三侧添加铁芯大幅提升了传感器内部磁感应强度峰值，铁芯所处背景中更高的磁感应强度会使其产生的磁能损耗大幅增加。最终，磁能损耗的增加导致感应电动势随铁芯厚度的增加出现明显降低。因此，在励磁线圈三侧均添加铁芯时应尽可能减小铁芯厚度，从而在减小磁能损耗的同时使传感器输出更高的感应电动势，提高传感器的检测能力。

（3）励磁线圈及感应线圈同时加铁芯对传感器检测性能的影响

为了研究励磁线圈与感应线圈同时添加高磁导率铁芯后对传感器磁特性及灵敏度的影响，对两线圈同时在三侧添加铁芯时的情况进行分析。根据上述研究结果，对在感应线圈三侧添加厚度 1mm 的铁芯、在励磁线圈三侧添加厚度 0.2mm 的铁芯的情况进行研究。传感器轴线上的磁感应强度分布如图 5-9 所示，添加高磁导率铁芯后显著增加了传感器内磁感应强度分布，磁感应强度峰值由 3.99mT 提升至 7.85mT，提升了 96.7%。更高的磁感应强度有助于磨粒通过传感器时产生更高的磁化强度。

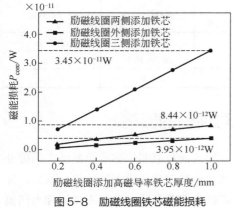

图 5-8　励磁线圈铁芯磁能损耗　　　　图 5-9　添加铁芯前后传感器轴线磁感应
　　　　　　　　　　　　　　　　　　　　　　　　　强度曲线对比

传感器内部添加高磁导率铁芯后产生了更高的磁感应强度，在此背景下对添加高磁导率铁芯前后不同尺寸磨粒的磁化强度进行仿真分析，结果如表 5-3 所示。对于直径 100μm 的金属磨粒，未添加铁芯时磨粒磁化强度为 $1.20×10^5$A/m，添加铁芯后磁化强度增加至 $2.28×10^5$A/m，提升 90%。

结果表明，添加高磁导率铁芯对直径 40μm、70μm 和 100μm 的磨粒磁化强度提升作用均有 90% 及以上。磨粒内部更高的磁化强度会使其通过传感器时产生更高的感应电动势，从而易于传感器对磨粒的检测识别。磨粒磁化强度提升效果如表 5-3 所示。

表 5-3　磨粒磁化强度提升效果

磨粒尺寸 ϕ_d/μm	磨粒磁化强度 M_d/（A/m）		提升量 ΔM_d /（A/m）	提升百分比
	未添加高磁导率铁芯	添加高磁导率铁芯		
40	$4.80×10^4$	$9.40×10^4$	$4.60×10^4$	96%
70	$8.40×10^4$	$1.65×10^5$	$8.1×10^4$	96%
100	$1.20×10^5$	$2.28×10^5$	$1.08×10^5$	90%

为了直观地对比添加铁芯前后传感器的输出感应电动势幅值，对直径 40μm、70μm、100μm 的金属磨粒分别通过添加铁芯的传感器和未添加铁芯的传感器时产生的感应电动势进行分析，结果如表 5-4 所示。与未添加铁芯时相比较，添加高磁导率铁芯后的电磁式磨粒监测传感器对这三种小尺寸磨粒通过传感器时产生的感应电动势均有 25% 及以上的提升效果。因此，添加铁芯的传感器在后续信号处理中更易

于捕捉到磨粒检测信号，从而使传感器具有更高的检测灵敏度，可以有效提高传感器的检测能力。

表5-4　不同尺寸磨粒感应电动势提升效果

磨粒尺寸ϕ_d/μm	磨粒感应电动势 E/V		提升量 ΔE/V	提升百分比
	未添加高磁导率铁芯	添加高磁导率铁芯		
40	1.43×10^{-8}	1.79×10^{-8}	3.60×10^{-9}	25.0%
70	2.51×10^{-7}	3.14×10^{-7}	6.30×10^{-8}	25.1%
100	3.58×10^{-6}	4.49×10^{-6}	9.1×10^{-7}	25.4%

5.1.3　线圈四侧铁芯结构及其对性能的影响

为了深入探究高磁导率铁芯添加结构对电磁式磨粒监测传感器检测性能的提升作用，基于上述三侧添加高磁导率铁芯的电磁式磨粒监测传感器继续进行研究，并在此基础上，通过在励磁线圈内侧局部添加高磁导率铁芯的方法（下文简称为四侧铁芯结构）进一步提高传感器检测灵敏度。所建立的传感器结构如图5-10所示，在励磁线圈内侧添加了两段铁芯结构，所添加的内侧高磁导率铁芯（纳米晶合金，相对磁导率为10000）与轴向两侧铁芯使用导磁胶进行接合。

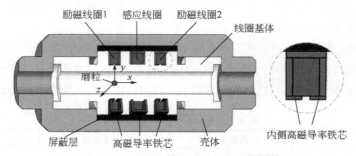

图 5-10　添加高磁导率铁芯的电磁式磨粒监测传感器

上述研究表明，在电磁式油液磨粒监测传感器励磁线圈及感应线圈外侧添加高磁导率铁芯，可以优化传感器内部磁特性，以增强磨粒引起的局部磁场扰动，提高传感器输出的感应电动势幅值；同时可有效提高传感器背景磁感应强度，减小磁场向无效方向的泄漏，增强其检测灵敏度。为了进一步增加高磁导率铁芯对传感器性能的提升作用，在线圈三侧添加高磁导率铁芯的传感器的基础上进一步设计了一种励磁线圈内侧加入两段铁芯的磨粒监测传感器，其磁通密度对比如图5-11所示。为了探究在传感器内侧添加两段高磁导率铁芯对传感器检测灵敏度的影响，对励磁线圈未添加铁芯、三侧添加铁芯及四侧同时添加铁芯时的传感器特性进行了 Comsol 仿真分析,结果如图 5-12 所示。由图可见,在传感器励磁线圈三侧添加高磁导率铁芯的基础上在励磁线圈内侧添加铁芯会进一步提升传感器内部的磁感应强度峰值,较三侧添加铁芯时磁感应强度提升 33%。直径 100μm 的金属磨粒通过传感器时,励磁线圈四侧添加铁芯时由磨粒导致的总磁能变化为 12.0nJ,较三侧添加铁芯时进一步提升了 2.6%。

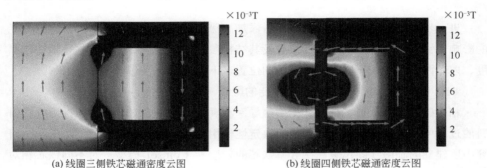

(a) 线圈三侧铁芯磁通密度云图　　　　　　(b) 线圈四侧铁芯磁通密度云图

图 5-11　三侧及四侧线圈铁芯磁通密度对比

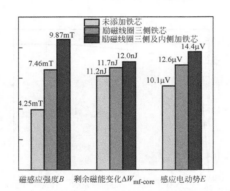

图 5-12　未添加铁芯及不同铁芯添加方式传感器性能参数对比

结果表明,在励磁线圈三侧添加高磁导率铁芯的基础上进一步在内侧添加铁芯可有效提高传感器轴线磁感应强度,增强磨粒引起的总磁能变化,有助于提高传感器输出的感应电动势幅值。具体表现为检测直径 100μm 的金属磨粒时:励磁线圈未添加铁芯的传感器输出感应电动势为 10.1μV;励磁线圈三侧添加铁芯的传感器输出感应电动势提升为 12.6μV;励磁线圈四侧添加铁芯的传感器输出感应电动势进一步提升为 14.4μV,较三侧添加铁芯时提升 14.3%。因此,在传感器励磁线圈三侧添加高磁导率铁芯的基础上在内侧添加铁芯,可以更为有效地提高传感器检测灵敏度,增强传感器对磨粒的检测能力。

在励磁线圈内侧添加高磁导率材料时，其主要结构参数包括铁芯厚度、内侧两铁芯间隙长度以及间隙轴向位置。内侧铁芯的不同结构参数会导致传感器的检测性能发生变化。下面对内侧铁芯的结构参数进行探究。

5.1.4　铁芯参数对传感器性能影响的仿真分析

进一步研究电磁式磨粒监测传感器添加高磁导率铁芯的参数对传感器检测性能的影响。铁芯主要参数包括材料参数及其结构参数，其中主要结构参数包括铁芯厚度、内侧两铁芯间隙长度以及间隙轴向位置。下面依次对铁芯参数进行探讨。

（1）铁芯相对磁导率对传感器性能的影响

相对磁导率具体是指特殊介质的磁导率和真空磁导率 μ_0 的比值。在选用铁芯材料的过程中，材料的相对磁导率是起决定性作用的关键材料参数指标。基于上述研究中所建立的励磁线圈包裹高磁导率铁芯的传感器 Comsol 模型，对不同铁芯相对磁导率传感器模型通过直径 100μm 金属磨粒时的输出感应电动势进行仿真分析，结果如图 5-13 所示。

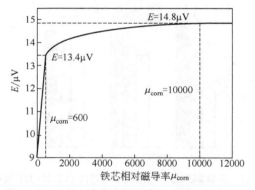

图 5-13　不同励磁频率传感器输出感应电动势曲线

铁芯材料相对磁导率由 1 至 600 时，感应电动势随相对磁导率的增加呈线性增加趋势，在相对磁导率为 600 时到达线性变化结点，此时感应电动势为 13.4μV。相对磁导率高于 600 后，感应电动势随铁芯相对磁导率的增加而产生的增量逐渐减小，并在相对磁导率大于 10000 时逐渐趋于平稳。相对磁导率为 10000 时的感应电动势为 14.8μV，较相对磁导率为 600 时提升 10.4%。结果表明，高磁导率铁芯材料选取相对磁导率 10000 以上的金属材料可以在一定程度上尽可能提高磨粒引起的感应电动势，从而提升传感器的检测能力。

（2）铁芯厚度对传感器性能的影响

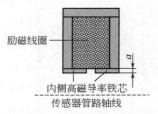

图 5-14　内侧高磁导率铁芯厚度 a 示意图

为了研究励磁线圈内侧高磁导率铁芯厚度 a（如图 5-14 所示）对传感器性能的影响，建立传感器 Comsol 模型，其中感应线圈三侧添加厚度 1mm 的铁芯，励磁线圈三侧添加厚度 0.2mm 的铁芯，研究在励磁线圈内侧添加厚度 0.05～0.5mm 的高磁导率铁芯时传感器的检测性能。

励磁线圈内侧添加厚度 0.05～0.5mm 的高磁导率铁芯时，直径 100μm 的金属磨粒通过传感器时引起的磁能变化相关数据如表 5-5 所示。由数据可知，内侧铁芯厚度增加时，磨粒内部及其背景磁场中总磁能变化量 ΔW_{mf} 及铁芯导致的线圈互感变化量 ΔW_{m} 均出现下降，同时由内侧铁芯产生的磁能损耗 P_{core} 出现明显增加，其变化均会降低磨粒通过传感器时产生的剩余磁能变化量，削弱传感器的检测性能。

表 5-5　不同铁芯厚度磁能变化数据

内侧铁芯厚度 a/mm	ΔW_{mf}/J	ΔW_{m}/J	P_{core}/W
0.05	1.20E−10	2.36E−11	5.86E−12
0.1	1.20E−10	2.32E−11	1.39E−11
0.15	1.20E−10	2.30E−11	2.41E−11
0.2	1.20E−10	2.27E−11	3.66E−11
0.25	1.20E−10	2.25E−11	5.02E−11
0.3	1.20E−10	2.22E−11	6.79E−11
0.35	1.20E−10	2.20E−11	8.81E−11
0.4	1.19E−10	2.17E−11	1.11E−10
0.45	1.19E−10	2.15E−11	1.38E−10
0.5	1.19E−10	2.12E−11	1.67E−10

此时磨粒通过内侧添加铁芯传感器产生的剩余磁能变化量 $\Delta W_{\mathrm{mf\text{-}core}}$ 如图 5-15 所示，随着铁芯厚度的增加剩余磁能变化量 $\Delta W_{\mathrm{mf\text{-}core}}$ 呈线性下降趋势。因此导致传感器输出感应电动势随之降低，如图 5-16 所示，表现为当铁芯厚度由 0.05mm 增加至 0.5mm 时，感应电动势由 14.57μV 下降为 14.05μV。结果表明，增加内侧铁芯厚度并不会进一步增强磨粒通过传感器时引起的总磁能扰动，铁芯厚度的增加反而会导致线圈互感磁能的下降以及磁能损耗的增加，削弱剩余磁能变化量 $\Delta W_{\mathrm{mf\text{-}core}}$，从而降低传感器的输出感应电动势。因此，为线圈内侧添加高磁导率铁芯时应尽量使用厚度较小的铁芯，使传感器在获得更好的检测性能的同时尽可能削弱磁能损耗带来的负面影响。

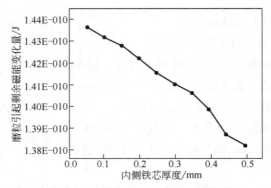

图 5-15 不同内侧铁芯厚度剩余磁能变化

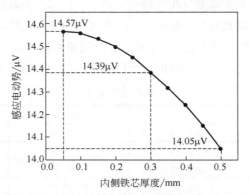

图 5-16 不同内侧铁芯厚度感应电动势

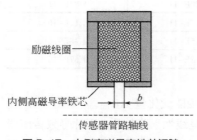

图 5-17 内侧高磁导率铁芯间隙
长度 b 示意图

（3）铁芯间隙长度对传感器性能的影响

为了研究励磁线圈内侧高磁导率铁芯间隙长度 b（如图 5-17 所示）对传感器性能的影响，基于励磁线圈轴向两侧及径向外侧添加高磁导率铁芯的 Comsol 模型，进一步对励磁线圈内侧添加间隙长度为 0.05～1mm 的高磁导率铁芯时的情况进行分析。

经 Comsol 仿真分析，励磁线圈内侧添加间隙长度为 0.05～1mm 的高磁导率铁芯时，直径 100μm 的金属磨粒通过传感器时引起的磁能变化相关数据如表 5-6 所示。由数据可见，当内侧铁芯间隙长度为 1～0.35mm 时，其对磨粒引起的总磁能变化量 ΔW_{mf} 的增强作用随间隙长度的减小而增加，使 ΔW_{mf} 于间隙长度 0.35mm 时达到峰值。进一步缩减间隙长度至 0.05mm 时，可见总磁能变化量 ΔW_{mf} 随间隙长度的减小出现明显降低，说明此时较小的间隙长度导致传感器励磁线圈内侧背景磁场的轴向分布宽度已不足以将磨粒所引起的磁场扰动轴向宽度全部包含在内。随着铁芯间隙长度的进一步减小，励磁线圈内侧磁场轴向宽度变小，导致线圈互感磁能变化量 ΔW_m 呈线性下降趋势，同时间隙长度的缩小也导致添加铁芯体积的增加以及铁芯空隙边缘处更高磁感应强度的出现，使铁芯产生的磁能损耗 P_{core} 在间隙长度小于 0.35mm 时出现了显著增加，此时较高的磁能损耗会明显削弱传感器的检测性能。

表 5-6　不同内侧两铁芯间隙长度磁能变化数据

内侧两铁芯间隙长度 b/mm	ΔW_{mf}/J	ΔW_m/J	P_{core}/W
0.05	1.43E-10	2.14E-11	5.60E-10
0.1	1.45E-10	2.19E-11	2.17E-10
0.15	1.47E-10	2.21E-11	1.30E-10
0.2	1.48E-10	2.22E-11	9.11E-11
0.25	1.49E-10	2.23E-11	6.74E-11
0.3	1.50E-10	2.24E-11	5.47E-11
0.35	1.51E-10	2.25E-11	4.55E-11
0.4	1.50E-10	2.25E-11	3.88E-11
0.45	1.50E-10	2.26E-11	3.33E-11
0.5	1.49E-10	2.27E-11	2.92E-11
0.55	1.49E-10	2.28E-11	2.58E-11
0.6	1.49E-10	2.29E-11	2.29E-11
0.65	1.48E-10	2.29E-11	2.05E-11
0.7	1.48E-10	2.31E-11	1.85E-11
0.75	1.47E-10	2.31E-11	1.67E-11
0.8	1.47E-10	2.32E-11	1.52E-11
0.85	1.46E-10	2.34E-11	1.38E-11
0.9	1.46E-10	2.35E-11	1.26E-11
0.95	1.45E-10	2.36E-11	1.15E-11
1	1.44E-10	2.37E-11	1.05E-11

磨粒所引起的剩余磁能变化量如图 5-18 所示，$\Delta W_{mf\text{-}core}$ 随间隙长度的增加而升高，在 0.35～1mm 时随间隙长度的增加而逐渐降低，于间隙长度 0.35mm 时达到峰值 14.96nJ。具体表现如图 5-19 所示，传感器的输出感应电动势于间隙长度 0.35mm 时达到峰值 14.4μV。分析结果表明，为线圈内侧添加高磁导率铁芯时内侧两铁芯间隙长度应在大于 0.35mm 的基础上尽可能选用较小的间隙长度，从而使传感器在获

得更高的剩余磁能变化量的同时减轻磁能损耗增加及线圈互感磁能降低带来的影响，以使传感器获得更好的检测性能。

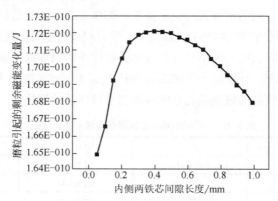

图 5-18　不同间隙长度剩余磁能变化

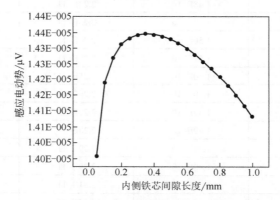

图 5-19　不同间隙长度感应电动势

（4）铁芯间隙轴向位置对传感器性能的影响

为了研究励磁线圈内侧添加高磁导率铁芯不同间隙轴向位置对传感器性能的影

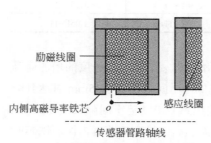

图 5-20　内侧铁芯间隙轴向坐标示意图

响，对励磁线圈轴向两侧及径向外侧添加厚度一定的高磁导率铁芯并在线圈内侧添加不同间隙轴向位置铁芯时的情况进行分析。以励磁线圈远离感应线圈一侧轴向垂直截面为坐标原点建立坐标系，坐标值代表内侧铁芯空隙以传感器感应线圈一侧为坐标轴正方向的轴向位置，如图 5-20 所示。励磁线圈内侧铁芯间隙轴向位置为 0～2.8mm 时，直径 100μm 的金属磨粒通过传感器时引起的磁能变化相关数据如表 5-7 所示。

表 5-7　不同内侧铁芯间隙轴向位置坐标磁能变化数据

内侧铁芯间隙轴向位置/mm	ΔW_{mf}/J	ΔW_m/J	P_{core}/W
0	1.02E−10	1.11E−11	1.18E−10
0.2	1.08E−10	1.15E−11	9.26E−11
0.4	1.12E−10	1.21E−11	8.18E−11
0.6	1.15E−10	1.32E−11	7.61E−11
0.8	1.17E−10	1.46E−11	7.20E−11
1	1.18E−10	1.65E−11	6.98E−11
1.2	1.19E−10	1.90E−11	6.82E−11
1.4	1.18E−10	2.22E−11	6.79E−11
1.6	1.18E−10	2.63E−11	6.82E−11
1.8	1.17E−10	3.15E−11	6.98E−11
2	1.15E−10	3.83E−11	7.19E−11
2.2	1.12E−10	4.72E−11	7.59E−11
2.4	1.08E−10	5.96E−11	8.17E−11
2.6	1.03E−10	7.87E−11	9.24E−11
2.8	9.53E−11	1.24E−10	1.17E−10

　　由数据可以看出，总磁能变化 ΔW_{mf} 随着间隙位置逐渐接近感应线圈一侧，呈现出先增加后下降的趋势，在位置坐标 1.4mm 时达到峰值，说明间隙处于励磁线圈中点附近时，内侧铁芯对传感器内部磁场的增强作用最为显著。高磁导率铁芯所产生的磁能损耗 P_{core} 同样以铁芯位置 1.4mm 为轴线呈对称分布，当间隙位置靠近励磁线圈边缘时磁能损耗较高，靠近励磁线圈中点时则相对较低，于位置坐标 1.4mm 时达到最低值。ΔW_{mf} 及 P_{core} 的变化趋势都表明间隙位于坐标 1.4mm 即接近励磁线圈中点处时对传感器检测效果的提升最为有利，但当间隙位置接近感应线圈一侧时，线圈互感磁能 ΔW_m 出现了显著增加，表现为间隙位置越靠近感应线圈，线圈互感磁能 ΔW_m 就越高。此时，不同间隙位置时线圈互感磁能 ΔW_m 对磨粒所引起的剩余磁能变化量 $\Delta W_{mf\text{-}core}$ 的影响作用已高于 ΔW_{mf} 及 P_{core} 变化所产生的影响作用，成为主导 $\Delta W_{mf\text{-}core}$ 变化趋势的主要影响因素。

　　如图 5-21 所示，剩余磁能变化量 $\Delta W_{mf\text{-}core}$ 由于线圈互感磁能 ΔW_m 的增加，随间隙位置坐标的增加同样呈逐渐上升趋势。其具体表现如图 5-22 所示，感应电动势于间隙位置最靠近感应线圈时达到峰值，间隙位置远离感应线圈时感应电动势则逐渐降低。因此，线圈内侧添加高磁导率铁芯时间隙位置应靠近感应线圈一侧，增加线圈互感磁能，从而增加磨粒通过传感器时产生的剩余磁能变化量，以使传感器获得最佳的检测性能。

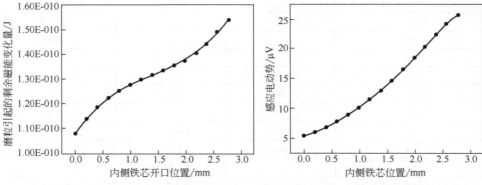

图 5-21　不同间隙轴向位置剩余磁能变化　　　图 5-22　不同间隙轴向位置感应电动势

5.2　谐振电路方法提高检测灵敏度

5.2.1　*LC* 谐振电路原理

　　所谓振荡电路，是指能持续发生一定振幅、一定频率的电振动现象的电路。常用的振荡电路方式有 *RC* 振荡电路、*LC* 振荡电路和晶体振荡电路。*RC* 和 *LC* 振荡电路有多种形式，但频率设定都是利用时间常数 *RC* 或 *LC*。因此从频率稳定程度来看，*RC* 与 *LC* 振荡电路中元件的温度系数将直接影响振荡频率，而晶体振子对外界环境条件的变化并不敏感。

　　LC 谐振电路由电容和电感构成，能够使能量在回路中，在储存于电感的磁场能与储存于电容的静电场两种形式间不断转化。在励磁线圈与感应线圈两端分别并联阻抗匹配的电容，能够分别构成 *LC* 谐振电路。*LC* 谐振电路的固有频率计算公式如下：

$$f_{\text{resonant}} = \frac{1}{2\pi\sqrt{L_s C_p}}$$ （5-1）

　　式中，L_s 为谐振电路电感值；C_p 为谐振电路电容值。

　　LC 谐振电路的等效阻抗根据交流电频率的变化而变化，通入的交流频率等于固有频率 f_{resonant} 时，回路的等效阻抗最大，计算如下：

$$Z = \frac{L}{RC}$$ （5-2）

LC 谐振电路为理想模型，应用中需考虑不可忽略的电阻影响，式（5-2）中的 R 即为线圈的等效电阻。LC 谐振的本质是电感线圈中的磁场能和电容储存的电场能之间的能量转化。从前文的分析中已知磨粒的通过会对线圈的磁场产生作用，故磨粒通过能够改变线圈电感。当线圈电感 L 发生变化时，回路的等效阻抗和固有频率都将随之变化，因此可以利用分析回路阻抗的方法研究传感器对磨粒的响应，据此获得传感器检测灵敏度的提高方法。

为了构建谐振电路，固有频率和电感值作为已知量，需求得匹配电容的大小。其中目标谐振电路固有频率选定为应用中方便提供的励磁源频率，电感 L 已由传感器线圈各参数确定。根据电容与电感、频率等的关系，计算出与传感器励磁和感应线圈相匹配的电容。

$$C_{\mathrm{p}} \approx \frac{1}{4L_{\mathrm{s}}\left(\pi f_{\mathrm{resonant}}\right)^2} \tag{5-3}$$

当传感器工作时，对于铁磁性磨粒，磨粒的磁化效应提高了局部磁通感应强度，对于非铁磁性磨粒，磨粒的涡流效应降低了局部磁感应强度。磨粒周围磁感应强度 B_{p} 的变化导致励磁线圈磁通量的变化，如式（5-4）所示。这种磁能的变化在电路中表现为线圈电感值的变化。

$$\Delta\Phi_{\mathrm{e}} = \sum\int_s \Delta B_{\mathrm{p}}\left(x,y\right)\mathrm{d}s = \Delta\left(L\times I\right) \tag{5-4}$$

式中，Φ_{e} 是通过励磁线圈的磁通量；I 是通过励磁线圈的电流。在这种情况下，两个励磁线圈之间的磁通差将感应线圈的磁通改变量可表示为：

$$\Delta\Phi_{\mathrm{i}} = \left(1-\lambda\right)\left(\Phi_{\mathrm{e1}}-\Phi_{\mathrm{e2}}\right) \tag{5-5}$$

式中，λ 为漏磁系数，是影响传感器检测效果的关键参数之一，与传感器结构设计参数直接相关；$\Phi_{\mathrm{e}i}$ 为通过第 i 个励磁线圈的磁通量。

经过计算表明磨粒引起的传感器励磁线圈电感变化量可表征为：

$$\Delta L = \frac{\left(\sqrt{5}-1\right)\mu_0\mu_{\mathrm{r}}N^2 r_{\mathrm{a}}^3}{l^2} \tag{5-6}$$

可见，磨粒引起的线圈电感变化量与磨粒半径的三次方成正比，与线圈匝数的平方成正比。

为了证明谐振原理对提高传感器检测灵敏度的作用，进行了如下理论计算。对于非谐振的磨粒监测传感器，励磁线圈原始阻抗以及磨粒通过传感器时励磁线圈阻抗为：

$$\begin{cases} Z_{\mathrm{a}} = R_{\mathrm{s}} + \mathrm{j}\omega L_{\mathrm{s}} \\ Z_{\mathrm{a}} + \Delta Z_{\mathrm{a}} = R_{\mathrm{s}} + \mathrm{j}\omega\left(L_{\mathrm{s}}+\Delta L\right) \end{cases} \tag{5-7}$$

对于采用谐振原理的磨粒监测传感器，励磁线圈电路原始阻抗以及磨粒通过传感器时励磁线圈电路阻抗为：

$$\begin{cases} Z_b = \dfrac{R_s + j\omega L_s}{\left(1 - \omega^2 L_s C_p\right) + j\omega R_s C_p} \\[3mm] Z_b + \Delta Z_b = \dfrac{R_s + j\omega\left(L_s + \Delta L\right)}{\left[1 - \omega^2\left(L_s + \Delta L\right)C_p\right] + j\omega R_s C_p} \end{cases} \tag{5-8}$$

因此，磨粒引起的传感器励磁线圈阻抗变化分别为：

$$\Delta Z_a = j\omega\Delta L$$

$$\Delta Z_{b/c} = \frac{j\omega\Delta L}{\left(1 - \omega^2 c\left(L + \Delta L\right) + icr\omega\right)\left(1 - \omega^2 cL + icr\omega\right)} \tag{5-9}$$

式中，c为电容值；r为内阻值。

5.2.2　LC谐振电路对传感器灵敏度影响的分析

从上述方程中可以看出，某一特定结构参数的传感器，感应电动势的值与线圈中电感的变化幅度和对应产生的电流的变化幅度有关。由于磨粒引起的线圈电感变化值是较微弱的，提高传感器灵敏度的主要方法是增大通过励磁线圈的电流变化幅度。而电流变化与磨粒引起的励磁电路阻抗变化密切相关，传感器电路对比如图 5-23 所示。

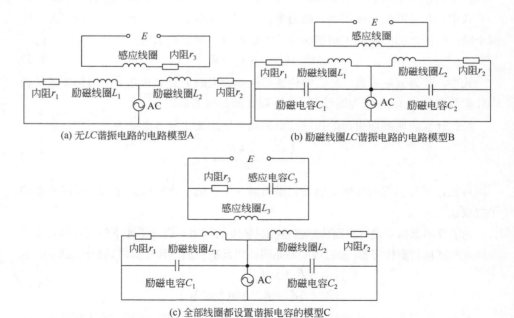

(a) 无LC谐振电路的电路模型A　　(b) 励磁线圈LC谐振电路的电路模型B

(c) 全部线圈都设置谐振电容的模型C

图 5-23　传感器电路对比图

当没有磨粒经油道通过传感器时,每个传感器的励磁电路两侧的阻抗与方程为:

$$Z_a = j\omega L_q + r$$

$$Z_{b/c} = \frac{\left(j\omega L_q + r\right)}{1 - \omega^2 L_q C + j\omega Cr} \tag{5-10}$$

式中,$L_q = L_i - M$ 为单个励磁线圈的等效电感;L_i 为第 i 个励磁线圈的自感;M 为两个励磁线圈之间的互感。

在共振状态下,易得 $1 - \omega^2 L_q C \approx 0$,$\omega Cr = 1$,因此模型 B 和 C 的阻抗变化曲线存在峰值,并且 Z_b 或 Z_c 均较 Z_a 有明显增大。

当磨粒进入传感器时,单边励磁线圈的电感随之变化。对于铁磁性磨粒,电感变化量 $\Delta L > 0$;而对于非铁磁磨粒,$\Delta L < 0$。在这种情况下,单边励磁线圈的真实电感是 $L_t = L_q + \Delta L$。为了表征传感器灵敏度的差异,以铁磁性磨粒为例,对两个励磁电路的阻抗差异进行了分析,便可以得出各传感器的磨粒对励磁电路阻抗的影响。由半径为 r_a 的铁磁性磨粒引起的励磁线圈的电感变化为式(5-11)所给。其中,μ_r 为真空磁导率,为磨粒的相对磁导率;N 为线圈匝数;l 为线圈的长度。因此,励磁电路的阻抗也随之变化,从而造成两励磁线圈电路的阻抗差,如式(5-12)所示。

$$\Delta L = \frac{\left(\sqrt{5} - 1\right)\mu_0 \mu_r N^2 r_a^3}{l^2} \tag{5-11}$$

$$\Delta Z_a = j\omega \Delta L$$

$$\Delta Z_{b/c} = \frac{j\omega \Delta L}{\left(1 - \omega^2 c\left(L + \Delta L\right) + icr\omega\right)\left(1 - \omega^2 cL + icr\omega\right)} \tag{5-12}$$

可见感应线圈处于谐振状态时,感应电动势得到了一定程度的放大,而增大倍数与传感器感应线圈电感成正比,因此可进一步提高传感器对于小磨粒的检测能力。

为了估算由磨粒引起的不同传感器的阻抗差异,使用 Matlab 进行了计算。在模拟中,仿真参数为:$L_{q1} = L_{q2} = 270.2\mu H$,励磁频率 $f_0 = 134.5kHz$,相应的谐振电容设置为 $C_1 = C_2 = 5.17nF$。由铁磁性磨粒引起的不同传感器励磁电路之间的阻抗变化量如图 5-24 所示。

可以看出,传感器的阻抗差异呈现出不同的趋势。对于未应用 LC 谐振的传感器,阻抗变化量随磨粒直径的增大而缓慢增大,但量级始终相对微小。直径为 750μm 的铁磁性磨粒引起的阻抗变化量也仅为 0.41Ω。而对于具有谐振电路的传感器,其阻抗变化量随磨粒直径的变化相当明显。随着粒径的增大,阻抗变化量迅速上升,在 r_1(528μm)处达到峰值(3.99Ω)。之后,过大的磨粒体积导致电感失去与电容的匹配关系,故磨粒大小超过 r_1 后,谐振模型不再具有准确性而是呈现误报。甚至

当磨粒直径大于 r_2 时，两励磁线圈之间的阻抗差变为负。由此可知，在运用这种 LC 并联谐振的监测系统中，直径大于 r_2 的铁磁性磨粒将被错误判断为非铁磁性磨粒。

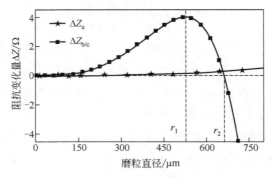

图 5-24　不同大小磨粒引起的阻抗变化量

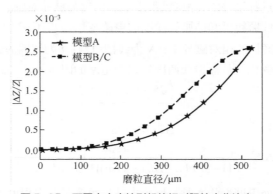

图 5-25　不同大小磨粒引起的相对阻抗变化比率

根据图 5-24 的数据计算励磁线圈的相对阻抗变化比率 $|\Delta Z / Z|$，得到图 5-25。显然，在 $[0，r_1]$ 范围内，LC 并联谐振励磁线圈一定程度地提高了磨粒监测传感器的灵敏度。计算结果表明，电容的取值（或谐振频率）对阻抗变化曲线的峰值位置有很大影响。图 5-26 说明了设置了 5～1nF 的不同电容的模型检测磨粒时，电路的阻抗变化量与磨粒大小的关系。由此可见，较小的谐振电容（较高的谐振频率）可以将阻抗变化曲线左移，也就是使传感器的检测范围向小直径磨粒偏移，并能够增强微磨粒引起的阻抗差异。由于检测目标磨粒大小通常小于 150μm，磨粒引起的电动势微弱，较小的谐振电容有助于传感器对微小磨粒的检测。但谐振电容的减小，会增加通过励磁线圈的电流，使传感器工作中产生更多的热量，影响传感器的可靠性。故综合考虑以上因素，可选择大小在 1nF 左右的谐振电容进行铁磁性磨粒的检测。

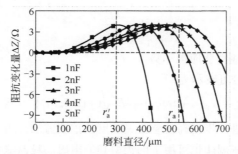

图 5-26 不同匹配电容电路下的磨粒对应阻抗变化量

此外，由于磨粒引起的励磁线圈阻抗变化导致励磁线圈的电流再分配，是提高传感器灵敏度的关键因素。重新分配后，不同传感器的励磁线圈之间的电流差可以表示为：

$$\Delta I_{\mathrm{a}} = I_0 \left(\frac{1 + \Delta Z_{\mathrm{a}} / Z_{\mathrm{a}}}{2 + \Delta Z_{\mathrm{a}} / Z_{\mathrm{a}}} \right) \left(1 - \frac{1}{1 + \Delta Z_{\mathrm{a}} / Z_{\mathrm{a}}} \right)$$

$$\Delta I_{\mathrm{b/c}} = I_0 \frac{Z_{\mathrm{b/c}}}{Z_{\mathrm{a}}} \left(\frac{1 + \Delta Z_{\mathrm{b/c}} / Z_{\mathrm{b/c}}}{2 + \Delta Z_{\mathrm{b/c}} / Z_{\mathrm{b/c}}} \right) \left(1 - \frac{1}{1 + \Delta Z_{\mathrm{a}} / Z_{\mathrm{a}}} \right) \tag{5-13}$$

显然，$\Delta Z_{\mathrm{b/c}} / Z_{\mathrm{b/c}} > \Delta Z_{\mathrm{a}} / Z_{\mathrm{a}}$ 并且 $Z_{\mathrm{b/c}} > Z_{\mathrm{a}}$，可得：

$$\frac{\Delta_{\mathrm{b/c}}}{\Delta I_{\mathrm{a}}} = \frac{Z_{\mathrm{b/c}}}{Z_{\mathrm{a}}} \left(\frac{1 + \Delta Z_{\mathrm{b/c}} / Z_{\mathrm{b/c}}}{2 + \Delta Z_{\mathrm{b/c}} / Z_{\mathrm{b/c}}} \right) \left(\frac{2 + \Delta Z_{\mathrm{a}} / Z_{\mathrm{a}}}{1 + \Delta Z_{\mathrm{a}} / Z_{\mathrm{a}}} \right) > 1 \tag{5-14}$$

以上结果表明，传感器模型 B 和 C 产生的感应电动势大于模型 A 的感应电动势，使励磁线圈在并联谐振状态下工作，可以从根本上提高传感器的灵敏度。同时，灵敏度的提高程度与谐振电容（或谐振频率）密切相关。

为了进一步增强微磨粒的特征，提高微磨粒的可检测性，在电路分析时将前文提到的高磁导率铁芯同时纳入了考量。加入高磁导率铁芯的模型 C 在串联谐振状态下工作，对于感应线圈，由磨粒引起的两个励磁线圈的磁通密度差可以等效为微弱的外部交变磁场，产生感应线圈的磁通量。而由于空气芯的磁导率较低，感应线圈的磁通量也较小。根据仿真研究，线圈中加入高磁导率铁芯的模型中，感应线圈的磁通量可以获得显著提高。且由于高磁导率铁芯为特殊的金属非晶材料，受涡流效应影响较小。

为了进一步提高传感器输出的感应电动势，感应线圈应在串联谐振状态下工作，因此电容 C_3 也满足谐振条件。值得注意的是，谐振频率应与励磁频率 f_0 保持一致。在这种情况下，感应线圈可视为电源，通过感应线圈的电流可达到如下峰值：

$$I_3 = \frac{kE_0}{r_3} \tag{5-15}$$

式中，E_0 为感应线圈感应电动势。

C 模型的输出信号可表示为：

$$E_c = I_3\left(r_3 + \mathrm{j}\omega L_3\right) = kE_0\sqrt{1 + \left(\omega L_3 / r_3\right)^2} > E_b \tag{5-16}$$

以上电路分析是进一步提高传感器灵敏度的重要方法。由于推导过程依据普遍适用的电学理论，这些规律也可用于同类型其他电磁磨粒监测传感器。

5.3 微弱磨粒信号的快速提取

为了满足磨粒在线监测的实时性要求，基于锁相放大器方法提出了微弱磨粒信号的快速提取方法。该方法可分为三步：信号预处理、信号初步提取和信号整形。所提出的微弱磨粒信号快速提取系统框图如图 5-27 所示。其中信号预处理实现对感应线圈输出信号进行基础滤波及放大。信号初步提取采用改进的锁相放大器对微弱的感应电动势进行提取。信号整形部分采用 EMD 方法对磨粒信号进行分解和重构，可进一步滤除磨粒信号中残余的干扰噪声，以提高颗粒信号的信噪比，提高传感器的检测效果。

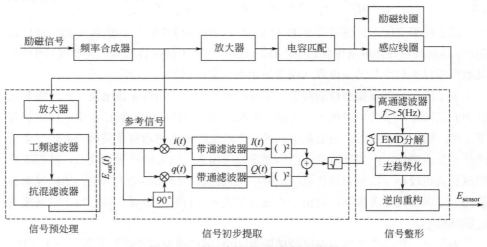

图 5-27 微弱磨粒信号的快速提取框图

通过对三线圈式磨粒监测传感器输出信号的特征进行分析，可得到传感器输出感应电动势由三部分构成，分别为磨粒信号、初始感应电动势干扰及高斯干扰。传感器输出信号为：

$$E_{\text{out}} = \left[E(r_a, v) \sin(\omega_1 t + \varphi_2) + E(\Delta) \right] \sin(\omega_0 t + \varphi_1) + N(t) \qquad (5\text{-}17)$$

式中，$E(r_a, v)\sin(\omega_1 t + \varphi_2)$ 为磨粒信号；Δ 为感应线圈偏置距离；$E(\Delta)$ 为初始感应电动势干扰；$N(t)$ 为高斯干扰。

以下对信号初步提取及信号整形部分进行详细说明。在信号初步提取部分，参考信号为与传感器谐振信号同频率的正弦交流信号。传感器输出信号分别和与参考信号成 90° 相移的信号相乘，获得 $i(t)$ 和 $q(t)$，分别为：

$$
\begin{aligned}
i(t) &= \left\{ \left[E(r_a, v)\sin(2\pi f_1 + \varphi_2) + E(\Delta) \right] \sin(2\pi f_0 t + \varphi_1) + N(t) \right\} A\sin(2\pi f_0 t + \varphi_3) \\
&= \frac{A}{2} \left[E(r_a, v)\sin(2\pi f_1 + \varphi_2) + E(\Delta) \right] \cos(\varphi_1 - \varphi_3) - \\
&\quad \frac{A}{2} \left[E(r_a, v)\sin(2\pi f_1 + \varphi_2) + E(\Delta) \right] \cos(2 \times 2\pi f_0 t + \varphi_1 - \varphi_3) + \\
&\quad N(t)A\sin(2\pi f_0 t + \varphi_3)
\end{aligned}
\qquad (5\text{-}18)
$$

$$
\begin{aligned}
q(t) &= \left\{ \left[E(r_a, v)\sin(2\pi f_1 + \varphi_2) + E(\Delta) \right] \sin(2\pi f_0 t + \varphi_1) + V(t) + N(t) \right\} A\cos(2\pi f_0 t + \varphi_2) \\
&= \frac{A}{2} \left[E(r_a, v)\sin(2\pi f_1 + \varphi_2) + E(\Delta) \right] \sin(\varphi_1 - \varphi_3) + \frac{A}{2} \left[E(r_a, v)\sin(2\pi f_1 + \varphi_2) + E(\Delta) \right] \\
&\quad \sin(22\pi f_0 t + \varphi_1 + \varphi_3) + N(t)A\cos(2\pi f_0 t + \varphi_3)
\end{aligned}
$$

$$(5\text{-}19)$$

对二者的详细特征进行分析可知，两信号均由三部分构成，分别为低频成分、高频成分和干扰杂波。其中有效的磨粒信号包含在低频成分中（频率为磨粒通过传感器的运动频率）。为了有效地滤除两信号中的高频干扰和高斯干扰，采用带通滤波器进行滤波，滤波器中心频率与低频成分频率相近。滤波后可获得 $I(t)$ 和 $Q(t)$，分别为：

$$
\begin{aligned}
I(t) &= \frac{A}{2} \left[E(r_a, v)\sin(2\pi f_1 + \varphi_2) + E(\Delta) \right] \cos(\varphi_1 - \varphi_3) \\
Q(t) &= \frac{A}{2} \left[E(r_a, v)\sin(2\pi f_1 + \varphi_2) + E(\Delta) \right] \sin(\varphi_1 - \varphi_3)
\end{aligned}
\qquad (5\text{-}20)
$$

可见，上述两信号中均包含有效的磨粒信号，对两信号进行求模处理可得到：

$$SCA = \sqrt{I^2(t) + Q^2(t)} = \frac{A}{2} \left[E(r_a, v)\sin(2\pi f_1 + \varphi_2) + E(\Delta) \right] \qquad (5\text{-}21)$$

上述信号中包含放大的磨粒信号（放大倍数为 $A/2$）和初始感应电动势幅值（直流信号）。由于在初步信号提取过程中，会有部分干扰杂波无法滤除，为了进一步提高磨粒信号信噪比，对上述信号进行整形处理。首先采用高通滤波器滤除信号直流干扰（初始感应电动势幅值），可得到：

$$SCA = \sqrt{I(t)^2 + Q(t)^2} = \frac{A}{2}\Big[E(r_{\mathrm{a}}, v)\sin(2\pi f_1 + \varphi_2) + E(\varDelta) \Big] \tag{5-22}$$

为了进一步滤除磨粒信号中的残余干扰，对提取的磨粒信号进行 EMD 分解，将其分解为多个固有模态函数 $c_i(t)$ 和剩余项 $r(t)$。此时磨粒信号可表征为：

$$E_{\mathrm{sig}} = \sum_{i=1}^{k} c_i(t) + r(t) \tag{5-23}$$

其中，低阶固有模态函数包含信号中的高频成分，而高阶固有模态函数包含信号中的低频成分，剩余项表征信号变化的趋势。为了滤除磨粒信号中的低频干扰，定义低频干扰条件：

$$\prod_{i=k_1}^{k} \Big[\big| \mathrm{Mean}(c_i(t)) \big| - H_{\mathrm{T}} \Big] > 0$$

$$\prod_{i=1}^{k_1-1} \Big[\big| \mathrm{Mean}(c_i(t)) \big| - H_{\mathrm{T}} \Big] < 0 \tag{5-24}$$

式中，$H_{\mathrm{T}} = 0.05\big| \mathrm{Mean}(r(t)) \big|$，为低频干扰信号阈值。

信号分量中所有满足上述干扰条件的分量均将被视为信号低频干扰，可直接滤除。为了进一步滤除磨粒信号中的高频干扰，采用逆向重构的方法对信号中剩余分量进行处理，如下式所示：

$$E_{\mathrm{rsig}}^{j} = \sum_{i=k_1-j}^{k_1-1} c_i(t) \tag{5-25}$$

磨粒信号近似为标准正弦形式，因此采用重构后的信号与标准正弦信号的互相关系数，见式（5-26），表征重构效果，并构建相关系数矩阵，见式（5-27）。

$$\rho_{\mathrm{rsig}}^{j} = \frac{Cov(E_{\mathrm{rsig}}^{j}, E_{\mathrm{std}})}{\sqrt{E_{\mathrm{rsig}}^{j}}\sqrt{E_{\mathrm{std}}}} \tag{5-26}$$

$$\rho_{\max} = \max\Big(\big| \rho_{\mathrm{rsig}}^{1} \big|, \big| \rho_{\mathrm{rsig}}^{2} \big|, \cdots, \big| \rho_{\mathrm{rsig}}^{j} \big| \Big) \tag{5-27}$$

选取相关系数矩阵中最大值的重构组合，即为最终的磨粒信号，式（5-28）。

$$E_{\mathrm{out}} = \sum E_{\mathrm{sig}}^{j} \Big[\mathrm{sign}\big(\big| \rho_{\mathrm{rsig}}^{j} \big| - \rho_{\max} \big) + 1 \Big] \tag{5-28}$$

传感器输出的原始信号如图 5-28 所示，可见在原始信号中磨粒信号完全被淹没在初始感应电动势干扰以及环境噪声干扰中，无法直接有效地检测到磨粒信号。

采用上述系统对磨粒信号进行初步提取后，磨粒信号如图 5-29（a）所示，可见磨粒信号信噪比得到大幅提升，可初步识别到有效的磨粒信号，但信号中仍然残余一定的噪声干扰。经过信号整形后，磨粒信号信噪比被进一步提升，如图 5-29（b）所示，可见信号中残余的高频及低频干扰被较好地滤除。结果表明，该方法可有效地提高传感器的磨粒检测效果。

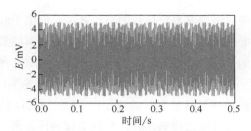

图 5-28　传感器输出的原始信号

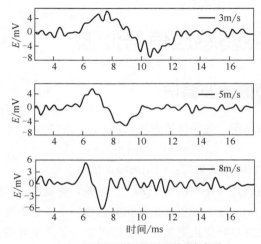

(a) 初步提取的不同速度的磨粒信号

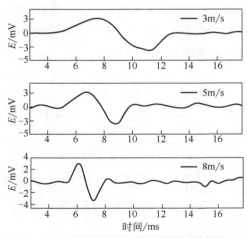

(b) 信号整形后不同速度的磨粒信号

图 5-29　励磁及检测单元提取的信号

上述方法虽能够明显地提高磨粒信号的检测效果，但由于磨粒引起的传感器输出感应电动势幅值与磨粒运动速度有关，该现象会造成检测结果的一致性较差。理论研究表明磨粒引起的传感器磁场扰动大小与有效磁场频率息息相关。有效磁场频率 f_e 可表达为：$f_e = f_0 / f_p$。其中，f_0 为传感器励磁信号频率；$f_p = v / l$ 为磨粒通过传感器频率；v 为磨粒通过传感器时的速度；l 为传感器两励磁线圈外侧距离。因此当同一磨粒以不同速度通过传感器时，磨粒引起的传感器内局部磁场的磁能变化随之变化，导致传感器输出感应电动势也随之改变。

5.4 磨粒微弱感应信号滤波

5.4.1 小波阈值滤波算法

小波阈值滤波的原理，含噪信号表达式为：

$$s(n) = f(n) + e(n) \tag{5-29}$$

式中，$f(n)$ 为没有噪声的信号；$e(n)$ 为噪声信号。

信号处理的目的就是对噪声信号 $e(n)$ 进行滤除，使处理之后的信号 $s(n)$ 逐渐接近没有噪声的信号 $f(n)$，使 $f(n)$ 得到最优化的数值。小波分析是在傅里叶变换的基础上发展起来的，比傅里叶变换更加完善，同时克服了傅里叶变换的一些缺点，能够对时频域信号进行分析处理。在原始信号中噪声部分存在于高频部分中，有用信号一般存在于低频部分中，小波滤波就是对高频信号进行阈值处理，保留低频部分有用信号，用稳定和低频反映实际的信号。对信号进行滤波处理时先对信号进行多层分解，得到各项系数，结构图如图 5-30 所示。

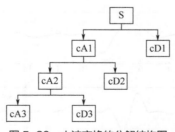

图 5-30 小波变换的分解结构图

通过小波层数分解之后，获得不同的低频信号和高频信号。保留每层的高频信号，对低频信号逐渐进行分解，分解之后得到低频信号 cA3。cA3 同时也是我们最后需要的有用信号，保留有用信号 cA3，以及高频信号 cD1、cD2、cD3。利用阈值函数过滤掉噪声信号，对有限的高频信号和低频信号重构，流程图如图 5-31 所示。

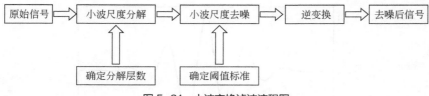

图 5-31　小波变换滤波流程图

5.4.2　小波滤波关键参数的确定

小波滤波的关键在于：小波基函数的选择、小波分解层数、阈值函数的确定。下面具体分析各影响因素的关键信息。

（1）小波基函数的选择

小波基函数的种类繁多，在目前的应用研究中大多采用相似性的原则来选取小波基函数。实际信号与所选取的小波基函数具有相同性，经过小波分析之后的信号达到了去除噪声的目的。在大型机械设备故障诊断方面普遍采用小波变换来进行滤波的处理。小波基函数如下所示。

Haar 小波基函数图像如图 5-32 所示。Haar 小波基函数是小波变换中最常用、最简单的小波基，其数学表达式如下：

$$\psi_{\mathrm{h}}(t) = \begin{cases} 1, & 0 \leqslant t \leqslant 0.5 \\ -1, & 0.5 \leqslant t \leqslant 1 \\ 0, & 其他 \end{cases} \tag{5-30}$$

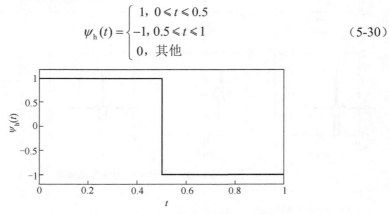

图 5-32　Haar 小波基函数图像

Morlets 小波基函数为单频正弦函数，缺少尺度函数，如图 5-33 所示。其数学表达式为：

$$\psi_{\mathrm{h}}(t) = Ce^{t^2/2}\cos(5x) \tag{5-31}$$

式中，C 为归一化重构函数。

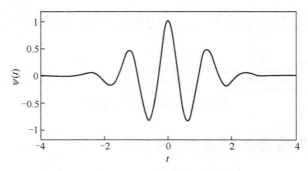

图 5-33 Morlets 小波基函数曲线图

Symlets 小波基函数始于法国科学家，所呈现的函数图像为对称的函数图像。Symlets 函数不同于前两种函数具有详细的表达式，Symlets 一般简写为 sym$N$，其中 N 代表阶数。图 5-34 表示 sym2～sym9 小波基函数图。

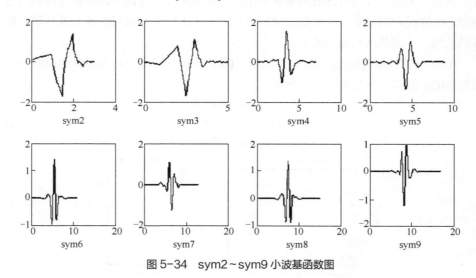

图 5-34 sym2～sym9 小波基函数图

（2）小波分解层数

对原始信号进行小波变换滤波时，小波分解的层数直接关乎最终滤波的效果，最终是为了能够得到高频系数，将高频噪声信号进行阈值函数处理。小波变换的分解层数 j 的计算公式如下：

$$j = \lfloor \log_2 N \rfloor \tag{5-32}$$

式中，N 为信号总的长度值；$\lfloor \cdot \rfloor$ 为向下方取整数。

在信号的分解层数上，并不是分解的层数越多滤波的效果越好，分解层数越多则重构的误差越大，有可能造成失真的情况。选择合适的小波分解层数有利于信号最终的滤波效果。在一些实际的信号处理当中一般根据经验来选取分解的层数，一般选取的分解层数为 3～6 层。最终选取均方误差最小、信噪比最大的层数为最优的分解层数。

（3）小波阈值函数

小波阈值函数包括软阈值函数和硬阈值函数。传统的软、硬阈值函数公式如下所示：

硬阈值函数：

$$\eta(\omega) = \begin{cases} \omega, & |\omega| \geqslant T \\ 0, & |\omega| < T \end{cases} \tag{5-33}$$

软阈值函数：

$$\eta(\omega) = \begin{cases} \left(|\omega| - T\right) \operatorname{sign}(\omega), & |\omega| \geqslant T \\ 0, & |\omega| < T \end{cases} \tag{5-34}$$

软、硬阈值函数图像如图 5-35 所示。

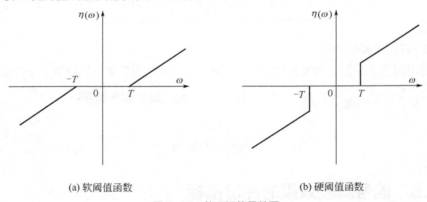

(a) 软阈值函数　　　　　　　　　　(b) 硬阈值函数

图 5-35　软硬阈值函数图

软、硬阈值函数在小波信号滤波中取得了理想的去噪效果，但是从图 5-35 中可以发现，其能够连续但还是存在一定的偏差，影响信号的重构，特别是硬阈值函数在 T 和 $-T$ 处不连续，易使重构信号产生失真。

设计阈值函数，传统小波的软阈值和硬阈值函数的阈值 $T = \sigma \sqrt{\ln N}$，因此提出一种半阈值函数：

$$\eta(\omega) = \begin{cases} \operatorname{sign}(\omega)\sqrt{\omega^2 - T^2}, & |\omega| \geqslant T \\ 0, & |\omega| < T \end{cases} \tag{5-35}$$

该函数不仅改变了软阈值函数的连续性，更加解决了偏差的问题。

（4）阈值估计方法

阈值选取的原则一般有以下四种：

① 通用阈值原则

对于正态分布的白噪声信号来说，它的极大值一般小于 $\sigma\sqrt{2\ln(N)}$，具体表达式如下所示：

$$\lambda = \sigma\sqrt{2\ln(N)}, \quad \sigma = \frac{1}{0.6745} \times \frac{1}{N} \sum_{k=1}^{N} |\omega_{j,k}|, \ 1 \leqslant j \leqslant k \tag{5-36}$$

式中，σ 为噪声标准差；N 为信号总的长度。从式（5-36）中可以看出阈值的大小随信号长度的增大而增大，信号长度对于最终的滤波效果具有显著的影响。

② 无偏似然估计原则

无偏似然估计原则能够随着小波系数的改变自适应地发生改变，矢量 $\boldsymbol{T} = [t_1, t_2, \cdots, t_n]$，其中，$t_1 \leqslant t_2 \leqslant \cdots \leqslant t_n$，$n$ 代表每层系数的个数，定义风险矢量：$\boldsymbol{R} = [r_1, r_2, \cdots, r_n]$，其中：

$$r_i = \frac{n - 2i - (n-i)t_i + \sum_{k=1}^{i} t_k}{n}, \ i = 1, \ 2, \ \cdots, \ n \tag{5-37}$$

③ 启发式阈值原则

通用阈值无偏似然原则构成了启发式阈值，假设 P 为分解一层系数的平方总和，$m = \dfrac{P-N}{N}$，$n = \log_2 N^{\frac{3}{2}}\sqrt{N}$，那么可以得到启发式阈值如下所示：

$$\lambda_m = \begin{cases} \lambda, & m \leqslant n \\ \min(\lambda, \lambda_m), & m > n \end{cases} \tag{5-38}$$

5.4.3　信号滤波效果的评价指标

对原始信号进行滤波处理的评价指标主要有两种：第一种为用肉眼观察视图的方法，通过对比原始信号跟滤波之后的信号进行观察分析，从主观方向评判信号滤波的效果，但是这种方法存在时间太长、效率低下、准确率低等缺点；第二种为信号指标评价，信号指标有信噪比（SNR）、均方误差（MSE）。本文采用第二种评价指标。

（1）信噪比

信噪比（*SNR*）是指初始信号与噪声信号之间的比值，单位为分贝（**dB**）。在信号滤波的评判中，信噪比越大，说明滤波之后信号的有用信息越多，滤波的方法越好。信噪比的表达式如下：

$$SNR = 10\lg \frac{\sum_{k=1}^{N} x^2(k)}{\sum_{k=1}^{N} \left[x(k) - \hat{x}(k) \right]^2} \tag{5-39}$$

式中，$x(k)$ 为初始信号，$\hat{x}(k)$ 为滤波后信号。

（2）均方误差（*MSE*）

均方误差（*MSE*）是一种差异性的度量，反映原始信号与滤波后信号之间的差别。均方误差数值越小滤波效果越好。均方误差的表达式如下：

$$MSE = \frac{1}{N} \sum_{k=1}^{N} \left[x(k) - \hat{x}(k) \right]^2 \tag{5-40}$$

5.4.4　不同滤波技术的仿真分析

图 5-36 为油液磨粒通过电感式传感器时的原始信号，在原始信号中存在一定的噪声信号。图 5-37、图 5-38 分别代表小波软、硬阈值函数滤波之后的效果图，采用小波滤波之后噪声得到一定的去除。图 5-39 代表有限冲击响应滤波图。图 5-40 为小波半阈值函数滤波之后的波形图，从图中可以看出，滤波之后的波形图无论在稳定性还是光滑性上都比其他滤波方法要好。

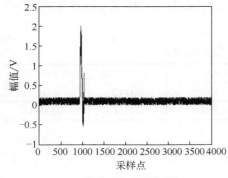

图 5-36　原始信号

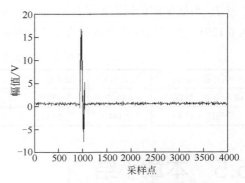

图 5-37　硬阈值处理的信号

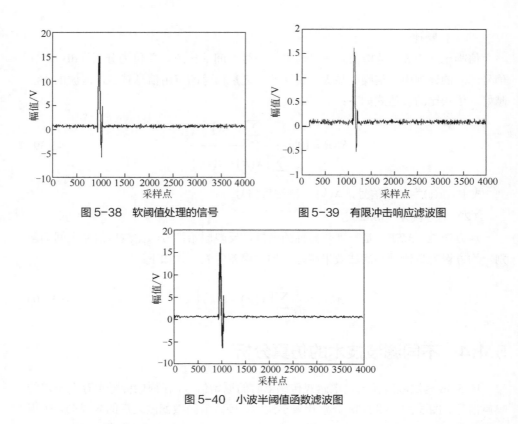

图 5-38 软阈值处理的信号 　　　　　图 5-39 有限冲击响应滤波图

图 5-40 小波半阈值函数滤波图

　　表 5-8 表示了不同滤波技术滤波的评价指标。由表可见，原始信号中均方误差及信噪比分别为 0.1567 及 2.343，采用不同方法对信号进行滤波可有效地减小信号均方误差并提高信号信噪比。通过对上述算法滤波效果的比较分析，相比于其他滤波方法，小波半阈值滤波方法具备较强的信号滤波能力。此时，信号均方误差最小，为 0.1291，信号信噪比显著增强至 4.56144。

表 5-8　不同滤波方法评价指标

信号评价指标	原始信号	硬阈值滤波	软阈值滤波	有限冲击滤波	小波半阈值滤波
均方误差（RMSE）	0.1567	0.1391	0.1373	0.1442	0.1291
信噪比（SNR）	2.343	3.6141	3.9822	4.2514	4.56144

5.5　本章小结

　　本章主要探讨了添加高磁导率铁芯和谐振电路两种方法对提高磨粒检测灵敏度

的效果；对磨粒信号进行锁相放大和快速提取，并对多磨粒微弱感应信号进行小波滤波降噪，以提高磨粒检测灵敏度。主要结论如下：

① 在感应线圈中添加高磁导率铁芯，可有效增大感应电动势信号幅值，电动势幅值与铁芯的尺寸呈正相关。对于不同直径磨粒产生的感应电动势信号，高磁导率铁芯对其幅值的增大效果不同。加入高磁导率铁芯的方法可以有效增强传感器检测100μm 以下小磨粒的能力，提高传感器检测灵敏度。

② 为励磁线圈和感应线圈均并联阻抗匹配的电容构成 LC 谐振电路，可以使差动式电感磨粒监测传感器的所有线圈同时工作在谐振状态，磨粒通过造成的电路阻抗变化明显增大，可显著提高传感器检测灵敏度。

③ 锁相放大和经验方法模态分解等简单、快速的磨粒信号提取方法提高了传感器的实时性能，使传感器最终能够有效地从背景噪声中提取磨粒信号特征信息，尤其是提取微弱的 100μm 以下磨粒的信息，从而能够监测传动装置的初始异常磨损。小波阈值滤波方法能够对磨粒微弱感应信号进行有效滤波，能够降低磨粒信号的均方误差并提高磨粒感应微弱信号的信噪比，有利于提高传感器的磨粒检测效果。

第**6**章

高灵敏度磨粒在线监测系统设计

为提高油液磨粒在线系统的灵敏度，本章主要从磨粒监测传感器、数字锁相放大器、交流稳流励磁电路和线监测软件等几方面，对电感式油液磨粒在线监测系统进行设计。

6.1　电感式油液磨粒在线监测仪器设计

6.1.1　传感器监测仪器系统的总体设计

电感式油液磨粒监测传感器直接通过螺纹串联于润滑油路当中，监测金属磨粒的数量与尺寸信息。对在线监测进行系统设计，当油路中有金属磨粒通过时，在线监测系统能够得到准确的信号，同时将信号上传给上位机系统软件，上位机的系统软件部分呈现出磨粒通过传感器时的波形信息，计算分析出监测结果。

油液磨粒监测系统的总体设计图如图 6-1 所示。从图中可以看出，磨粒监测系统主要包括电源和驱动模块、信号和放大模块。电源模块主要接入 24V 的直流电源，之后分配给其他三个模块输出，满足不同模块电源的要求。数字锁相放大模块的主要目的是对传感器信号提供放大的作用，同时也能够提供检测的作用，利用 RS485 总线连接传感器信号与上位机系统软件。交流稳流驱动模块的主要目的是生成正弦波形信号，之后通过 BNC 总线连接传感器的励磁部分，最终能够使传感器两边的励磁线圈产生磁场。为了能够利用示波器显示油液磨粒的波形信息，磨粒监测系统同时输出幅值信号和相位信号，以模拟信号的方式在示波器中显示出来。

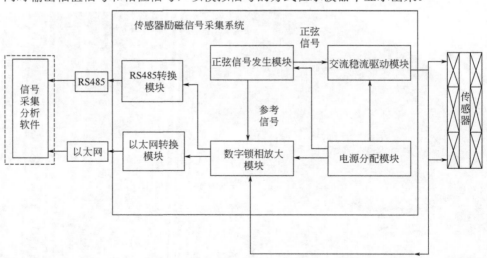

图 6-1　油液磨粒监测系统的总体设计图

6.1.2　传输协议的设计

通过总线 RS485 连接数字放大器和 PC 计算机，从而能够接收信息，并将结果信息传给计算机或者其他的远程设备。传感器磨粒在线监测系统必须达到及时性的要求，因此传输必须采用四线制的结构系统，保障总线的及时通信。为了保障传感器数据及时性的要求，设计一个协议，使其能够满足传感器系统与 PC 远程终端的通信。

RS485 总线数据通信协议的命令字节定义如表 6-1 所示。从表中可以看出：字节 1 表示传感器设备的地址；字节 2 表示地址取反；字节 3 表示传感器传输数据长度低；字节 4 表示传感器传输数据长度高；字节 5 表示数据长度低的时候取反；字节 6 表示数据包长度取反；字节 7 表示命令指令，在字节 7 中规定 0x01～0x7F 为第 1 级命令，第 2 级命令规定区间为 0x81～0x8F，根据传输的命令类型将第 1 级命令分成命令小组的形式，第 2 级命令是第 1 级命令的子成分，将第 1 级命令分成更加详细的命令细节，所以以第 1 级命令和第 2 级命令叠加形成了具体命令；字节 8 到倒数第三个字节表示数据字节数。

表 6-1　RS485 总线数据通信协议的命令字节定义

字节	含义
字节 1	地址
字节 2	地址取反
字节 3	数据长度低
字节 4	数据长度高
字节 5	数据长度低取反
字节 6	数据包长度取反
字节 7	命令
中间字节	数据
$N-1$ 字节	Crcl6 低
N 字节	Crcl6 高

6.1.3　监测传感器

电感式油液磨粒在线监测传感器的结构如图 6-2 所示，传感器主要由传感器外壳、线圈轮毂、励磁线圈和感应线圈组成。传感器外壳选用具有磁场屏蔽效果的合金钢进行加工，防止外界磁场对检测线圈的干扰。电磁屏蔽材料种类较多，常见的有铁磁性材料、亚铁磁性材料、铁电材料等。屏蔽材料的磁导率是关于磁场频率与磁感应强度的函数，低频磁场（50～200kHz）和准静态磁场一般选用高磁导率的铁磁性材料，如硅钢片、坡莫合金、铁氧体等材料对磁场进行通量分流与涡流消除。涡流消除效应是高电导率材料的特有属性。根据法拉第电磁感应定律，当屏蔽材料处于高频交变磁场中时，由于涡流效应其内部会产生涡电流。涡电流又会产生与入射场相反的磁场，因此外部磁场会被屏蔽，无法进入被屏蔽区域。

两个励磁线圈进行独立反向绕制，再将两线圈各留出两个接线端接上；然后绕制感应线圈，通过测量感应线圈和并联在一起的励磁线圈电感来进行微调，使感应线圈电感等于两励磁线圈的电感值；再根据匹配电容的公式计算出所需电容大小，将电容分别并联在感应线圈和励磁线圈两端。这种方式可以通过调整励磁频率来消除线圈绕制过程中出现的结构误差，如匝数误差、线圈分布不均等。线圈基体选用可加工陶瓷材料。相对于传统树脂材料，可加工陶瓷材料可以承受更高的工作温度，提升线圈基体的耐久性。为防止来自外界环境的干扰，需要将传感器进行封装。传感器制作完成后需进行性能检测，如检测不合格，需重新对传感器进行制作直至传感器满足性能条件。

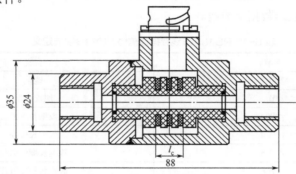

图 6-2　电感式油液磨粒在线监测传感器的结构

根据表 6-2 中优化的线圈参数绕制电感式油液磨粒在线监测传感器，其中相同的参数为：励磁线圈和感应线圈内径为 5mm，感应线圈宽度为 2mm，感应线圈匝数为 95 匝，绕制导线的线径为 0.25mm。

表 6-2　优化前后的线圈参数

线圈参数	励磁线圈宽度/mm	励磁线圈匝数/匝	线圈间隙/mm
优化前	2	120	3
优化后	6.5	316	2

励磁线圈 1 和励磁线圈 2 反向绕制，将两个线圈导线的首端连接到接头的 1 号

针脚，尾端连接到接头的 2 号针脚，感应线圈导线的首尾分别连接到接头的 3 号针脚和 4 号针脚。绕制的线圈和完成组装的电感式油液磨粒在线监测传感器实物如图 6-3 所示。

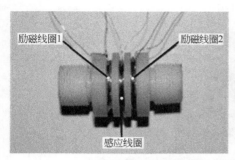

图 6-3　电感式油液磨粒在线监测传感器实物图

磨粒传感器的制作如图 6-4 所示。图 6-4（a）是已加工完成的线圈骨架，实验所用轮毂材料主要为陶瓷或树脂，树脂材料易用 3D 打印加工成型，制作较为方便。图 6-4（b）为线圈的绕制，线圈绕完后，首先用绝缘胶布或热熔胶固定每个线圈铜线的两个自由端。图 6-4（c）为制作完成的传感器。图 6-4（d）表示已进入初步测试状态。

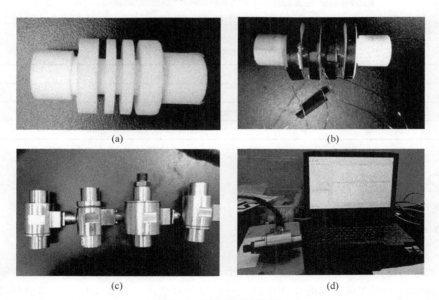

图 6-4　磨粒传感器的制作

添加高磁导率铁芯的磨粒监测传感器的制作过程如图 6-5 所示，实验传感器实物如图 6-6 所示。通过在传感器线圈基体上预留凹槽的方式，进行励磁线圈内侧高磁导率铁芯的添加。铁芯的主要参数为：间隙长度、间隙轴向位置及铁芯厚度。实验中传感器样本各个参数的取值如表 6-3 所示。

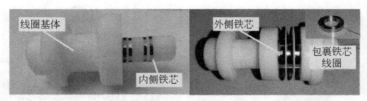

图 6-5　添加高磁导率铁芯的磨粒监测传感器的制作过程

图 6-6　实验传感器实物图

表 6-3　传感器参数取值

铁芯参数	样本参数取值
铁芯间隙长度	0.2mm，0.5mm，1mm，1.5mm
铁芯轴向位置	0mm，0.7mm，1.4mm，2.1mm，2.4mm
铁芯厚度	0.05mm，0.1mm，0.15mm

6.2　数字锁相放大器

6.2.1　锁相放大器原理概述

流经传感器管道中的金属磨粒的外形尺寸非常小，达到微米级，由金属磨粒造成的磁场扰动而在感应线圈中产生的感应电动势非常小，如果采用通用的信号放大方法，基本无法获得有用的信号，有用信号跟噪声一起放大，甚至输出的噪声信号比有用信号还要大，因此采用锁相放大器对感应线圈输出信号进行放大。锁相放大器有模拟锁相放大器和数字锁相放大器。成品的模拟锁相放大器多为进口产品，价格非常昂贵，仪器使用比较复杂，为实现特定信号的放大需要多项参数进行调试及设置，如果重新设计专用的模拟锁相放大器，对模拟器件的选择以及模拟电路的设计都有很高要求，设计周期长，成本高。数字锁相放大器则将模拟锁相放大器的运算环节采用现场可编程逻辑器件（FPGA）或者数字信号处理器（DSP）实现；数字锁相放大器的输出通道中没有直流放大器，可以避免直流放大器的噪声、不稳定、温度漂移等缺点；采用的晶振时钟源随时间和温度变化小，减小了参考信号的不稳定带来的误差， 能在短时间内完成锁相功能； 具有出色的正交解调性能。设计专用的数字锁相放大器可以缩短设计周期并大幅降低设计成本。

对于幅度较小的直流信号或慢变信号，为了防止 $1/f$ 噪声和直流放大器的直流漂移（例如运算放大器输入失调电压的温度漂移）的不利影响，一般都使用调制器或斩波器将其变换成交流信号后，再进行放大和处理，用带通滤波器抑制宽带噪声，提高信噪比，之后再进行解调和低通滤波，以得到放大了的被测信号。

设混有噪声的正弦调制信号为：

$$x(t) = s(t) + n(t) = V_s \cos(\omega_0 t + \theta) + n(t) \tag{6-1}$$

式中，$s(t)$ 为正弦调制信号；V_s 为被测信号；$n(t)$ 为污染噪声。对于微弱的直流或慢变信号，调制后的正弦信号也必然微弱。要达到足够的信噪比，用于提高信噪比的带通滤波器（BPF）的带宽必须非常窄，Q 值（$Q = \omega_0/B$，B 为带宽）必须非常高，这在实际中往往很难实现。而且 Q 值太高的带通滤波器往往不稳定，温度、电源电压的波动均会使滤波器的中心频率发生变化，从而导致其同频带不能覆盖信号频率，使得测量系统无法稳定可靠地进行测量。在这种情况下，利用锁相放大器可以很好地解决上述问题。

6.2.2 锁相放大器的工作原理

锁相放大器包括信号通道、参考通道、相敏检测器（PSD）和低通滤波器（LPF）等，其工作原理如图 6-7 所示。

信号通道对调制正弦信号输入进行交流放大，将微弱信号放大到足以推动相敏检测器工作的电平，并且要滤除部分干扰和噪声，以提高相敏检测的动态范围。因为对不同的测量对象要采用不同的传感器，传感器的输出阻抗各不相同。为了得到最佳噪声特性，信号通道的输入阻抗要能与相应的传感器输出阻抗相匹配。

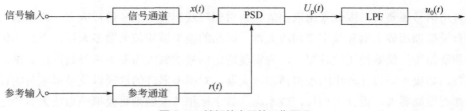

图 6-7　锁相放大器的工作原理

参考输入一般是等幅正弦信号或方波开关信号，它可以是从外部输入的某种周期信号，也可以是系统内原先用于调制的载波信号或用于斩波的信号。参考通道对参考输入进行放大或衰减，以适应相敏检测器对幅度的要求。参考通道的另一个重要功能是对参考输入进行移相处理，以使各种不同相移信号的检测结果达到最佳。PSD 以参考信号 $r(t)$ 为基准，对有用信号 $x(t)$ 进行相敏检测，从而实现图 6-7 所示的频谱迁移过程。将 $x(t)$ 的频谱由 $\omega = \omega_0$ 处迁移到 $\omega = 0$ 处，再经 LPF 滤除噪声，其输出 $u_0(t)$ 对 $x(t)$ 的幅度和相位都敏感，这样就达到了既鉴幅又鉴相的目的。因为 LPF 的频带可以做得很窄，所以锁相放大器可以达到较大的信噪比 SNIR。

① 信号输入 $x(t)$ 为正弦波，参考输入 $r(t)$ 为方波。

设信号输入为：

$$x(t) = V_s \cos(\omega_0 t + \theta) \tag{6-2}$$

参考输入 $r(t)$ 是幅度为 $\pm V_r$ 的方波，其周期为 T，角频率为 $\omega_0 = 2\pi / T$，波形如图 6-8 所示。

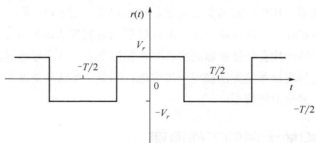

图 6-8　参考方波 $r(t)$ 的波形

根据傅里叶分析的方法，这种周期性函数可以展开为傅里叶级数：

$$r(t) = a_0 + \sum_{m=1}^{\infty} a_m \cos(m\omega_0 t) + \sum_{m=1}^{\infty} b_m \sin(m\omega_0 t) \tag{6-3}$$

式中，a_0 为其直流分量；a_m 为其余弦分量的傅里叶系数；b_m 为其正弦分量的傅里叶级数。各种系数的计算方法为：

$$a_0 = \frac{1}{T} \int_{-T/2}^{T/2} r(t) \, \mathrm{d}t \tag{6-4}$$

$$a_m = \frac{2}{T} \int_{-T/2}^{T/2} r(t) \cos(m\omega_0 t) \, \mathrm{d}t \tag{6-5}$$

$$b_m = \frac{2}{T} \int_{-T/2}^{T/2} r(t) \sin(m\omega_0 t) \, \mathrm{d}t \tag{6-6}$$

上面各式只是为了方便将积分区间定在 $-T/2 \sim T/2$，实际上在起始于任何时间点、长度为一个信号周期 T 的积分区间都将得出同样的结果。

图 6-8 所示波形为零均值的偶函数，可知其直流分量 a_0 为零，正弦分量的傅里叶系数 b_m 为零，其余弦分量的傅里叶级数 a_m 为：

$$
\begin{aligned}
a_m &= \frac{1}{\pi} \int_{-\pi}^{\pi} r(t) \cos(m\omega_0 t) \, \mathrm{d}(\omega_0 t) \\
&= \frac{4V_r}{m\pi} \sin(m\pi/2)
\end{aligned} \tag{6-7}
$$

式中，m 为谐波次数，m 为 $1 \sim \infty$ 的正整数。m 为偶数时，$\sin(m\pi/2)=0$；m 为奇数时，$\sin(m\pi/2)$ 为 +1 或 –1。令奇数 $m=2n-1$，n 为 $1 \sim \infty$ 的正整数，则 a_m 可以表示为：

$$a_m = \frac{4V_r}{\pi} \times \frac{(-1)^{n+1}}{2n-1} \tag{6-8}$$

由此可得 $r(t)$ 的傅里叶级数表示式为：

$$r(t) = \frac{4V_r}{\pi} \sum_{n=1}^{\infty} \frac{(-1)^{n+1}}{2n-1} \cos\left[(2n-1)\omega_0 t\right] \tag{6-9}$$

$r(t)$ 与 $x(t)$ 相乘的结果为：

$$
\begin{aligned}
u_{\mathrm{p}}(t) &= x(t) r(t) \\
&= V_s \cos(\omega_0 t + \theta) \frac{4V_r}{\pi} \sum_{n=1}^{\infty} \frac{(-1)^{n+1}}{2n-1} \cos\left[(2n-1)\omega_0 t\right] \\
&= \frac{2V_s V_r}{\pi} \sum_{n=1}^{\infty} \frac{(-1)^{n+1}}{2n-1} \cos\left[2(n-1)\omega_0 t - \theta\right] + \frac{2V_s V_r}{\pi} \sum_{n=1}^{\infty} \frac{(-1)^{n+1}}{2n-1} \cos(2n\omega_0 t + \theta)
\end{aligned} \tag{6-10}
$$

式（6-10）中等号右边的第一项为差频项，第二项为和频项。经过 LPF 的滤波作用，$n > 1$ 的差频项及所有的和频项均被滤除，只剩 $n=1$ 的差频项，为：

$$u_{\mathrm{o}}(t) = \frac{2V_s V_r}{\pi} \cos\theta \tag{6-11}$$

因此利用方波作为参考可以得到与正弦波作为参考完全类似的结果，而且 $u_{\mathrm{o}}(t)$ 的幅度要更大一些。当方波幅度 $V_r=1$ 时，可以利用电子开关实现方波信号与被测信号的相乘过程，即当 $r(t)$ 为+1 时，电子开关的输出连接到 $x(t)$；当 $r(t)$ 为–1 时，电子开关的输出连接到 $-x(t)$。这时 LPF 的输出为：

$$u_o(t) = \frac{2V_s}{\pi}\cos\theta \tag{6-12}$$

电子开关要比模拟乘法器成本低、速度快，工作也更为稳定可靠。

② $x(t)$ 为正弦波含噪声，$r(t)$ 为方波。

设含有噪声的被测信号 $x(t)$ 可以表示为：

$$x(t) = V_s\cos(\omega_0 t + \theta) + n(t) \tag{6-13}$$

式中，$n(t)$ 为噪声。根据式（6-9），参考信号 $r(t)$ 可以表示为：

$$r(t) = \frac{4V_r}{\pi}\sum_{n=1}^{\infty}\frac{(-1)^{n+1}}{2n-1}\cos\left[(2n-1)\omega_0 t\right] \tag{6-14}$$

式（6-13）与式（6-14）相乘得相敏检测器的输出为：

$$u_p(t) = x(t)r(t) = \frac{2V_s V_r}{\pi}\sum_{n=1}^{\infty}\frac{(-1)^{n+1}}{2n-1}\cos\left[(2n-2)\omega_0 t - \theta\right] +$$

$$\frac{2V_s V_r}{\pi}\sum_{n=1}^{\infty}\frac{(-1)^{n+1}}{2n-1}\cos(2n\omega_0 t + \theta) + n(t)\frac{4V_r}{\pi}\sum_{n=1}^{\infty}\frac{(-1)^{n+1}}{2n-1}\cos\left[(2n-1)\omega_0 t\right] \tag{6-15}$$

经 LPF，式（6-15）中等号右边的第二项所表示的信号与参考的和频项被滤除，但是第三项是比较复杂的一种情况，下面加以分析。

如果 $n(t)$ 为单频噪声，设其频率为 ω_n，那么只有 $|\omega_n - \omega_0| <$ LPF 的等效噪声带宽的噪声能通过 LPF，出现在 LPF 的输出 $u_0(t)$ 中。

如果 $n(t)$ 为宽带噪声或 $x(t)$ 的高次谐波，则对于噪声中频率为 ω_n 的分量 $V_n\cos(\omega_n t + \varphi)$，它与方波相乘的结果为：

$$u_{an}(t) = V_n\cos(\omega_n t + \varphi)\frac{4V_r}{\pi}\sum_{n=1}^{\infty}\frac{(-1)^{n+1}}{2n-1}\cos\left[(2n-1)\omega_0 t\right]$$

$$= \frac{2V_r V_n}{\pi}\sum_{n=1}^{\infty}\frac{(-1)^{n+1}}{2n-1}\cos\left\{\left[\omega_n + (2n-1)\omega_0\right]t + \varphi\right\} + \tag{6-16}$$

$$\frac{2V_r V_n}{\pi}\sum_{n=1}^{\infty}\frac{(-1)^{n+1}}{2n-1}\cos\left\{\left[\omega_n - (2n-1)\omega_0\right]t + \varphi\right\}$$

式中，第二个等号右边的第一项为和频分量，第二项为差频分量。经过 LPF，和频分量被滤除，但是差频分量会呈现在输出中。也就是说，$u_{an}(t)$ 中能通过 LPF 产生输出噪声的分量为：

$$u'_{an}(t) = \frac{2V_nV_r}{\pi}\sum_{n=1}^{\infty}\frac{(-1)^{n+1}}{2n-1}\cos\left\{\left[\omega_n - (2n-1)\omega_0\right]t + \varphi\right\} \tag{6-17}$$

由式（6-17）可见，噪声输出不仅出现在 $\omega_n = \omega_0$ 处，而且出现在 $\omega_n = (2n-1)\omega_0$ $(n=1,2,3,\cdots)$ 附近，幅度按 $1/(2n-1)$ 下降。这相当于一个梳状滤波器，称为 PSD 的谐波相应。凡是频率 $\omega_n = (2n-1)\omega_0$ 的噪声与参考方法的相应谐波相乘的差频分量都会产生一个相敏的直流输出，经 LPF 呈现在 $u_0(t)$ 中。这样不仅使输出噪声增加，而且对信号中的谐波分量也有输出。例如，100Hz 的参考方波在 100Hz～100kHz 之间产生 499 个传输窗口，即使在 99.9kHz 处，谐波窗口的相对幅度仍有 1/1000，这会使相敏检测器抑制噪声的能力下降。

根据式（6-17），各梳齿的带宽等于 LPF 的带宽 $1/(2RC)$，所以总的等效噪声带宽为：

$$B_e = \sum_{n=1}^{\infty}\left(\frac{1}{2n-1}\right)^2\frac{1}{2RC} = \frac{\pi^2}{8}\times\frac{1}{2RC} \tag{6-18}$$

可见，与参考输入为正弦波时的等效噪声带宽相比，谐波响应使得带宽增加了 23%。由于输出噪声电压和等效噪声带宽的平方根成正比，所以当输入白噪声时，总的输出噪声电压将会增加 11%，输出信噪比略有下降。消除谐波相应不利影响最常用的方法，是在信号通道中加入中心频率为 ω_0 的带通滤波器，利用其窄带滤波作用滤除各高次谐波处的噪声。

6.2.3 数字锁相放大器设计

数字锁相放大器利用数字技术 （FPGA 或 DSP）实现相敏检波和低通滤波的功能。信号输入通道与模拟锁相放大器相同，经抗混叠滤波器、ADC 转换后送入数字信号处理单元。数字锁相放大器的输出通道中没有直流放大器，可以避免直流放大器的噪声、不稳定、温度漂移等缺点；内部晶振时钟源随时间和温度变化小，减小参考信号的不稳定带来的误差，能在短时间内完成锁相功能；具有出色的正交解调性能。就数字技术而言，数字信号处理器 （DSP）是基于处理器的程序操作"取出指令→执行"，是典型的串行操作；现场可编程逻辑器件（FPGA）是基于逻辑门和触发器的硬件操作，是并行运算。FPGA 构建的系统不存在程序"跑飞""死机"等问题，具有更好的抗干扰能力，比目前市场上的锁相放大器具有更高的精度、稳定性和噪声抑制比，具有更高的性价比。

设计的数字锁相放大器的输入通道可选择电压单端、差分，通过可编程放大器将信号放大到适宜的幅度；设置了 50Hz、100Hz 陷波器对工频干扰做滤除；经低通滤波（抗混叠）后，由 16 位 AD 转换器转换为数字信号，送入 FPGA 数字处理单元。数字锁相放大器的组成原理如图 6-9 所示，数字处理单元中有数字参考信号发生单元、可编程 DDS 信号发生单元、4 路 PSD、4 路可编程数字滤波器、2 路矢量运算单元。数字锁相放大器支持外部输入参考信号（方波或正弦）；使用内部参考信号时，可实现两种频率信号（1~8*f*）的解调，并输出同步的任意波形参考信号。数字处理单元的输出为两路的 *X*、*Y*、*R*、*ϕ* 数据，32 位单片机做数据处理、输出。数字锁相的输出通道设置了 1 路数字信号（TTL 串口）、2 路模拟信号、1 路 USB2.0 接口。通过 USB 接口设置数字锁相的工作参数、数据输出。

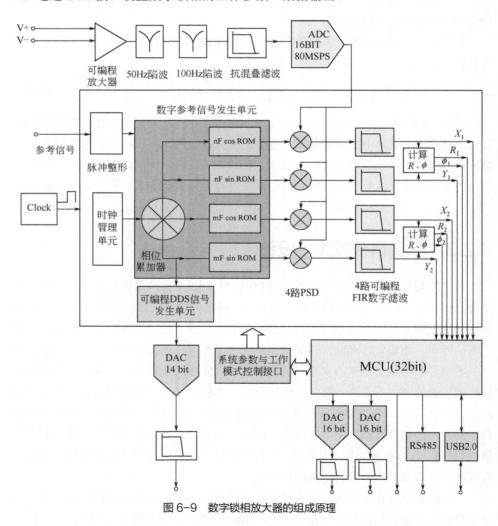

图 6-9　数字锁相放大器的组成原理

6.3　交流稳流励磁电路

传感器距离主控制器距离较远且工作环境恶劣，为了提高励磁信号的抗干扰程度及传输距离，采用交变的电流信号对励磁线圈进行励磁。传感器励磁电流源的精度及稳定性对测量系统精度起到非常重要的影响，因此，设计一种频率和幅值稳定度高、波形失真小并具有一定功率的正弦型电流源作为励磁信号源及参考信号。传统的交变恒流源电路一般采用模拟电路来实现，通过分频、正弦转换、恒流控制达到交变恒流源的设计，低频输出的频率稳定度和精度等指标都不高，往往应用于要求不是很高的场合。直接数字频率合成（Direct Digital Synthesizer，DDS）技术具有快速转换、分辨率高、相位可控的特点，并得到了广泛的应用，因此为了获得高性能的交变恒流源，电路中加入 DDS 技术。采用 FPGA 及高速 DA 转换器实现正弦波形输出，输出的正弦波经过放大后驱动后一级稳流变换电路，最终实现正弦电流源输出。交流稳流励磁电路主要包括正弦信号发生电路、模拟低通滤波器、信号放大电路以及驱动输出电路。

6.3.1　基于 FPGA 的正弦波形发生器

基于 FPGA 的正弦波形发生器主要由 FPGA 芯片及 DA 转换器组成，其中 FPGA 内部主要由正弦波形频率时钟产生模块、正弦波形相位时钟产生模块、相位累加器及正弦向量表等组成。正弦波形相位时钟是由系统时钟分频获得的，如系统时钟为 f_c，则相位时钟为 $f_p = f_c/N_c$，N_c 为分频数。正弦波形频率时钟则由正弦波形相位时钟通过分频获得，分频数由相位时钟的频率除以正弦波形的频率获得，相位时钟的频率为 f_p，正弦波形的频率为 f_s，则分频数为 $N_f = f_p/f_s$，如 $f_p = 10\text{MHz}$，$f_s = 100\text{kHz}$，则 $N_f = 100$。正弦向量表由计算机程序计算获得，一个完整的正弦波形是有若干离散点的数值经过拟合获得的，如选择向量表总的插值点数为 $N_m = 200$，则一个完整的正弦波形由 200 个插值点拟合而成。为了输出一个完整的波形，则每一个相位脉冲到来时，相位累加值为 $N_p = N_m/N_f$，也就是每次相位累加器增加 N_p，以相位累加器中的累加值为索引从正弦向量表中取出数值送入 DA 转换器，由 DA 转换器转换为电压值，再经过一个低通滤波器输出正弦波形信号。正弦波形的频率越高，则一个波形的插值点数就会减少，波形的合成精度也会相对较低。FPGA 内部设计有两个相位累加器，同时输出相位相差 90° 的两个正弦信号；同时为了后续放大环节的使用，输出 4 路 TTL 电平的脉冲信号，其中第 1 路脉冲信号的起始相位与正弦信号相同，第 2 路脉冲信号与第 1 路脉冲信号相位相差 180°，第 3 路脉冲信号与第 1 路脉冲信号相位相差 90°，第 4 路脉冲信号与第 3 路脉冲信号相位相差 180°。由 FPGA 实现的正弦波形发生器的结构原理如图 6-10 所示。

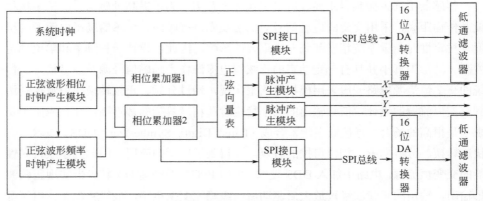

图 6-10　正弦波形发生器的结构原理

6.3.2　模拟低通滤波器

DA 转换器输出的信号为离散的模拟信号，信号中混杂有高频谐波分量，为了提高输出正弦信号的质量，采用无源 LC 低通滤波器对输出的正弦信号进行滤波处理。设计低通滤波器的 3dB 截止频率为 1MHz，通带波纹小于 0.2dB，阻带截止频率为 1.3MHz，其衰减值为 62.45dB，输入输出阻抗都为 200Ω。采用电感及电容设计无源低通 7 阶滤波器，滤波器传递函数如下：

$$T(s) = \frac{3.49 \times 10^4 s^6 + 1.452 \times 10^{19} s^4 + 1.663 \times 10^{33} s^2 + 5.708 \times 10^{46}}{\begin{array}{l} s^7 + 9.065 \times 10^6 s^6 + 1.178 \times 10^{14} s^5 + 6.968 \times 10^{20} s^4 + \\ 4.083 \times 10^{27} s^3 + 1.455 \times 10^{34} s^2 + 3.995 \times 10^{40} s + 5.708 \times 10^{46} \end{array}} \qquad (6\text{-}19)$$

滤波器电路如图 6-11 所示，频率响应曲线如图 6-12 所示。

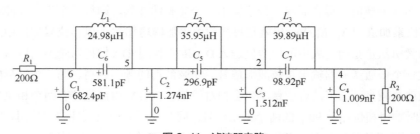

图 6-11　滤波器电路

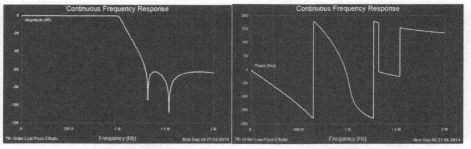

(a) 幅频特性曲线　　　　　　　　(b) 相频特性曲线

图 6-12　频率响应曲线

6.3.3　波形放大电路

基于 FPGA 的正弦波形发生器中 DA 转换器的参考电压 Ref=2.5V，其输出的正弦波形以 Ref/2=1.25V 为中心线。为了获得以 0V 电压为中心线的正弦信号，可以将 DA 输出的正弦信号减去 Ref/2，或者将输出的两路正弦信号 A、B 相减获得以 0V 为中心线的正弦信号。为了保证正弦波形正半周与负半周的对称性，选择第二种方法，即将输出的两路正弦信号 A、B 相减后获得以 0V 为中心线的正弦波形。差分计算公式为 $\sin a - \sin(-a) = 2\sin a$。为了实现 A、B 信号的减法运算，并对减法运算后的信号进行放大以满足后续电压变电流电路的输入要求，采用高输入阻抗的差分放大器。差分放大电路如图 6-13 所示。

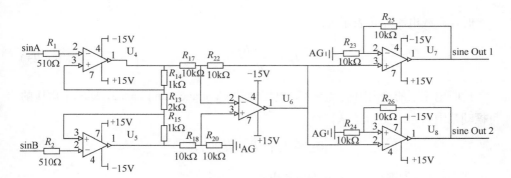

图 6-13　差分放大电路

该电路将波形发生器输出的两路 250mV 的反相正弦信号差分连接到三级放大电路。当电路中 $R_{13}=R_{15}$，$R_{17}=R_{18}=R_{20}=R_{22}$，$R_{23}=R_{25}=R_{24}=R_{26}$ 时，三级差模总增益为：

$$A_{vd} = \frac{u_o}{u_{i1} - u_{i2}} = -\frac{R_{13} + 2R_{14}}{R_{13}} \times \frac{R_{22}}{R_{17}} \times \frac{R_{23} + R_{25}}{R_{23}} = 4 \tag{6-20}$$

第一级选择 2 倍增益，第二级增益设计为 1 倍，则取 $R_{17}=R_{18}=R_{20}=R_{22}=10\,\text{k}\Omega$，第三级放大 2 倍，$R_{23}=R_{25}=R_{24}=R_{26}=10\,\text{k}\Omega$。要求匹配性好，一般用金属膜精密电阻，阻值可在 $10\,\text{k}\Omega$ 和几百 $\text{k}\Omega$ 间选择，则：

$$A_{\text{vd}} = -\frac{R_{13} + 2R_{14}}{R_{13}} \tag{6-21}$$

先定 R_{13}，通常在 $1\sim 10\text{k}\Omega$ 内，这里取 $R_{13}=2\,\text{k}\Omega$，则可由上式求得 $R_{13}=2R_{14}=2\,\text{k}\Omega$。通常 R_1 和 R_2 不要超过 $R_{13}/2$，这里选 $R_1=R_2=510\,\Omega$，用于保护运放输入级。

OP37 可提供与 OP27 一样的高性能，而且前者的设计可以对电路进行优化。这一设计变更将压摆率提高到 17V/μs，并将增益带宽积提高到 63MHz。此外，OP37 不仅具有 OP07 的低失调电压和漂移特性，而且速度更高、噪声更低。失调电压低至 25μV，最大漂移为 0.6μV/℃，输出级具有良好的负载驱动能力，因而该器件是精密仪器仪表应用的理想之选。

6.3.4 驱动电路

该传感器驱动电路要求使用高频大功率交变电流源电路，如图 6-14 所示。当满足平衡条件

$$\frac{R_4}{R_3} = \frac{R_{2A} + R_{2B}}{R_1} \tag{6-22}$$

时，负载电流 I_0 可表示为：

$$I_0 = \frac{R_4 / R_3}{R_{2B}} U_{\text{I}} \tag{6-23}$$

此时电流泵的输出阻抗 $R_0 = \infty$，电压柔量（Voltage Compliance，即输出电压的可摆动范围）为：

$$\left| U_{\text{L}} \right| \leqslant \left| U_{\text{sat}} \right| - R_{2B} \left(I_0 + I_1 \right) \tag{6-24}$$

式中，U_{sat} 为饱和电压；I_1 为负载电流。

该电路中的运放采用 TL081 芯片，其单位增益带宽积为 2MHz。为了使其能够驱动低阻抗负载，采用达林顿管搭建 A 类推挽放大器，输出电流最高可达 2A。1μH 与 10Ω 并联可以对负载中的电容部分进行相位补偿，10 Ω 电阻与电容串联可以补偿负载中的感性成分。

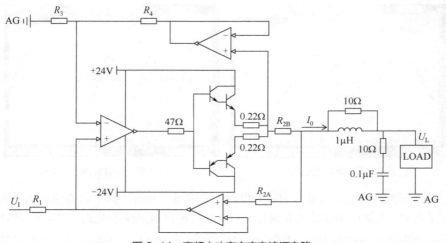

图 6-14 高频大功率交变电流源电路

6.3.5 电路测试

在对系统的软硬件都调试完毕后,用示波器对正弦信号输出频率进行测试。设置预置频率,测试输出频率以及电压峰-峰值,结果如表 6-4 所示。

表 6-4 频率测量结果

频率理想输出值/Hz	频率实际输出值/Hz	输出电压/V_{max}	误差/%
100	99.9710	7.60	0.029
500	499.974	7.60	0.0052
1000	999.975	7.60	0.0025
5000	4999.96	7.60	0.0008
10000	9999.96	7.60	0.0004

系统能够实现高精度、稳定性好和控制灵活的正弦励磁信号。对该系统在不同频率下的输出波形进行测试,输出范围为 0Hz～15kHz,峰-峰值稳定性能好。如图 6-15 所示为 450Ω 的负载加载上 1kHz 的交变电流时的端电压波形。

此电路的不足之处在于输出频率范围不宽。DDS 的频率特性非常好,能输出 0～40MHz 的标准正弦信号。然而,输出的信号在 15kHz 以上发生失真,如图 6-16 所示为 450Ω 的负载加载上 20kHz 的交变电流时的端电压波形。这是由于调理电路的影响,因此可以通过改善调理电路来提高信号输出频率。

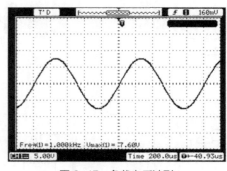 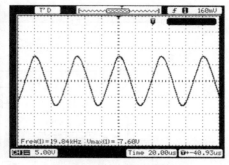

图 6-15　负载电压波形　　　　　图 6-16　负载失真电压波形

根据恒流源的电阻测量原理，采用滑动变阻器分别对不同电阻值应用电压表法进行了实测，先给出测量结果并进行分析。按图 6-14 连接实验电路，$R_{2B} = 250\Omega$，用滑动变阻器作为被测电阻，接入负载处，在接通电源后，用数字电压表测量其两端的电压，结果如图 6-17 所示。

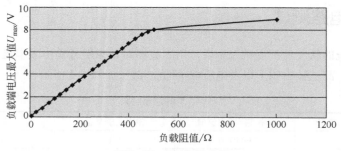

图 6-17　恒流特性曲线

图 6-17 所示实测数据表明，负载阻值与电阻端电压能够较好地成线性关系，但在 475Ω 以后不成线性关系，如图 6-18 所示为 1kHz 恒流源电路加载 500Ω 负载时端电压削峰现象。因此，恒流源的负载范围为 0～475Ω，其恒流值为 16mA，这与恒流源电路设计的恒流值完全相符。

通过对交流各项输出参数的测试说明设计的交流稳流电路达到了设计要求。采用设计的传感器励磁源对设计制作的电感式磨粒监测传感器进行励磁实验，测试感应线圈的输出感应电动势。对传感器进行励磁后，如果传感器中有金属磨粒通过，则感应线圈会有感应电动势输出。图 6-19、图 6-20 为实验产生的波形输出。图 6-19 所示为 DDS 发生器输出正弦波形，图 6-20 所示为差分放大器进行 4 倍放大后输出的正弦波形，图 6-21 所示为驱动电路输出与励磁线圈两端波形，从图中可以看出，差分放大器输出与励磁线圈的输入电压之间产生了相移 0.5463639（31.30437°），图 6-22 所示为传感器励磁线圈两端的波形图及感应线圈的输出波形，图中黄线为传

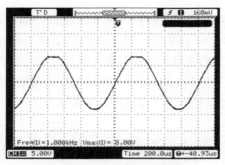

图 6-18　负载的端电压削峰波形

感器励磁线圈的波形，蓝线为感应线圈的波形，当 200μm 金属小磨粒进入线圈内时，波形幅值有明显的变化。从实际传感器的励磁效果可以看出，设计的交流稳流励磁电路能够满足传感器的励磁要求。

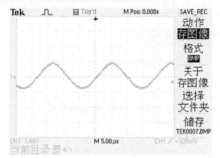

图 6-19　DDS 发生器输出波形

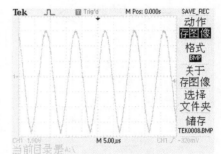

图 6-20　差分放大器输出波形

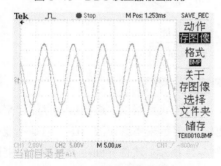

图 6-21　放大器输出与励磁线圈两端波形

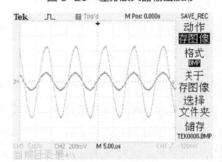

图 6-22　感应线圈输出

6.4　磨粒监测软件设计

传感器的数字锁相放大系统通过 RS485 数据线和上位机相连，磨粒通过传感器时的波形信息在上位机的磨粒监测软件上显示出来。磨粒在线监测软件是基于QTC++进行图形化的编程设计的，在软件系统的设置中进行各项参数的设计，监测软件通过接收油液磨粒的数据从而分析数据。利用分析的数据信息生成波形信息，上位机的监测软件通过电脑的 USB 接口与传感器建立系统的通信，设置监测软件的波特率为 115200Hz。监测软件的工作流程图如图 6-23 所示。

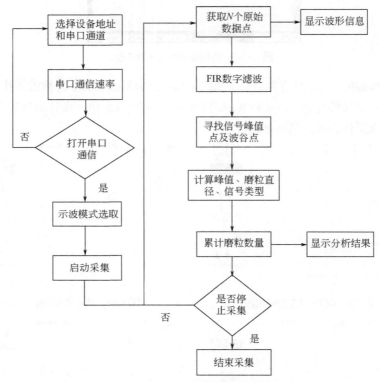

图 6-23　磨粒监测软件的工作流程图

磨粒在线监测软件分为采集和示波模式，采集模式数据以二进制形式存储起来，同时当前的时间也包括在内。在软件的示波模式下显示采集磨粒波形图，但是不能存储采集到的数据。信号采集分析软件界面如图 6-24 所示。软件界面主要有两个功能区域：区域 1 内可以实时统计油液中各尺寸段内不同材质磨粒通过传感器的数量，为后续油液实验的统计工作提供了便利；区域 2 可以显示磨粒通过传感器时产生感应电动势的波形以及峰值大小，无油液实验中感应电动势峰值的采集工作将在区域 2 内完成。

区域 1 内显示了磨粒的直径范围、对应的金属铁磨粒数量、对应的非铁磁性磨粒的数量。磨粒直径检测的范围主要分成如下阶段：100～150μm，150～200μm，

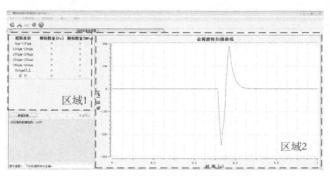

图 6-24　信号采集分析软件界面

200～250μm，250～300μm，300μm 以上。在软件的左边数据框中可以选择放大磨粒的波形图。区域 2 显示了磨粒波形图，在左边区域 1 内有"数据回看"的操作按钮，可以查看当前存储的二进制采集数据，通过按钮"→"可以查看测试数据的信息，通过按钮"数据导出"可以把二进制文件导出到文本文件。文本文件包括设备的地址、设备的编号和设备的总数、每个通道采集的数据包以及数据包的长度等信息。同时可以利用通道采集的数据包进行信号的分析以及后续的处理。

设计的高灵敏度磨粒在线监测系统实物如图 6-25 所示，利用该系统可以搭建不同的油液磨粒实验。设计实验方案通过电感式传感器来观察上位机中波形的变化，同时对传感器产生的电压进行数据处理，得到数据曲线图。

图 6-25　高灵敏度磨粒在线监测系统实物

6.5　本章小结

本章对电感式油液磨粒在线监测仪器系统进行了总体设计，从传输协议、数字锁相放大器、交流稳流励磁电路和在线监测软件等几方面着重分析了在线检测仪器的模块化设计，并测试了励磁电路，搭建了高灵敏度油液磨粒在线监测系统，为开展油液磨粒在线监测实验提供了软硬件条件。

第 **7** 章

油液磨粒在线
监测实验

本章应用第 6 章设计的高灵敏度磨粒监测实验系统，设计油液磨粒在线监测实验，利用筛选出的磨粒样本，开展磨粒监测模拟实验和磨粒监测油液实验。磨粒监测模拟实验中油液流动的状态通过皮带传动装置来模拟，用来研究传感器监测单个或少数磨粒的输出信号的特点及添加高磁场率铁芯和传感器结构参数优化的监测效果；磨粒监测油液实验在油管中接入磨粒在线监测系统，主要研究结构参数优化和汇流排传动系统的摩擦磨损状态。

7.1　实验磨粒的选取

在实际的润滑系统中，污染磨粒具有来源广、形状复杂、尺寸不一致等特点。为了有效地模拟实验过程中的实际工况，有必要对金属磨粒的形貌进行分析。油液中的磨粒大致可分为正常工况滑动磨粒、切削磨粒、球形磨粒、层状磨粒、疲劳磨粒和严重滑动磨粒。其形态可大致分为多面体、球形、片状、针状、纤维形态等，一般不规则。通过对单个磨粒微观形貌（形貌、表面形貌）的观察和大量相关实验分析，磨粒大致分为六种形态：球形、椭圆形、多边形、四边形、三角形和切削状。这种形状分类与实际磨粒有一定的对应关系，如图 7-1 所示，可作为判断设备磨损状态的依据。

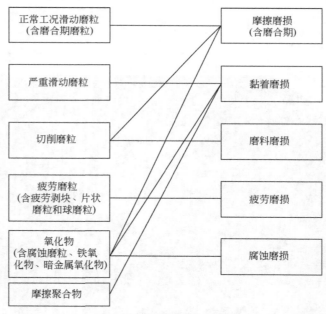

图 7-1　磨粒种类与磨损关系

为了定量描述固体颗粒污染物的大小，通常用代表其形态特征的大小来表示。规则形状的粒子（球形体、立方体等）可以用球体的直径和立方体侧面的长度来描述。根据测量方法和磨粒的形状特征，不规则形状粒子可以用不同的特征尺寸来表示。

对磨损及其形成机理的研究表明，不同形式的磨损产生不同类型的磨粒，而不同类型的磨粒具有相对固定的形态特征。大量使用先进研究技术（如铁谱学和扫描电镜）进行的监测研究表明：各种磨损类型所产生的特征磨粒一般来说具有各自特定的形态特征，如表 7-1 所示。如对装甲车辆综合传动装置一万公里定型实验中所采集的油样（如图 7-2 所示）进行铁谱制片，在显微镜下观察铁谱，将生成的数字图像导出为二维图像，如图 7-3 所示。从图 7-3 中可以看出，润滑油中金属磨粒的形态极为不同，大部分三维形状都可以近似为椭球。

表 7-1　磨粒种类及形态统计

磨粒种类	形态特征	磨损形式
正常工况滑动粒	薄片状、尺寸较小	微缓磨损、磨合期
严重滑动磨粒	长轴与厚度比约为 10∶1	黏着磨损
切削磨粒	长条形	磨料磨损
疲劳剥块磨粒	片状、表面较为光滑	疲劳磨损
层状磨粒	极薄、表面空洞	疲劳磨损
金属氧化物磨粒	表面粗糙	腐蚀磨损

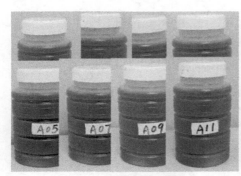

图 7-2　综合传动装置油样

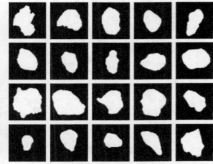

图 7-3　磨粒形状二维图像

JSM-6490LV 钨丝灯扫描电镜（如图 7-4 所示）的图像处理软件可以对磨粒相对应的投影面积与长短轴的长度进行测量计算。根据测量所得到的磨粒投影面积 S，再根据等效直径 $D=\sqrt{4S/\pi}$，计算出相应的等效直径，即磨粒的粒度大小。

图 7-4　JSM-6490LV 钨丝灯扫描电镜

选取适当磨粒，利用扫描电镜依次进行观察，得到了 6 种铁磨粒以及 3 种铜磨粒的微观形貌，用扫描电镜配套软件的测量工具测量磨粒的投影面积和投影长度。图 7-5 显示的是实验所用的 6 组铁磨粒的微观形貌图及其相应的测量尺寸。根据磨粒大小不同，放大倍数在 130～550 倍之间。根据投影面积计算得到相应的磨粒等效直径，具体数据如表 7-2 所示。

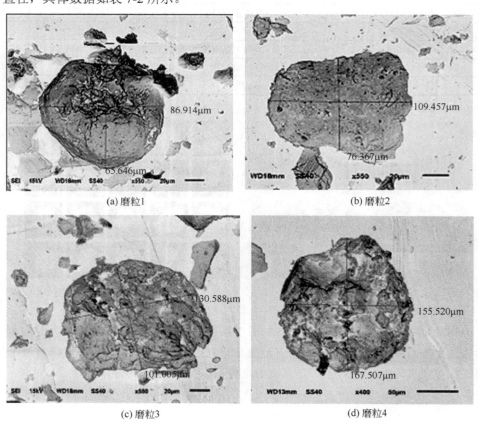

(a) 磨粒1

(b) 磨粒2

(c) 磨粒3

(d) 磨粒4

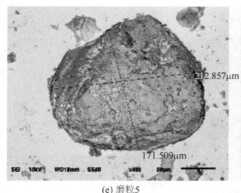

(e) 磨粒5　　　　　　　　　　　　　　　　　　(f) 磨粒6

图 7-5　铁磨粒微观形貌图像

表 7-2　铁磨粒尺寸参数

磨粒编号	磨粒 1	磨粒 2	磨粒 3	磨粒 4	磨粒 5	磨粒 6
投影面积 $S/\mu m^2$	6175.39	7388.50	11048.78	20488.50	29008.14	57083.89
等效直径/μm	77.91	107.51	127.18	161.51	193.18	269.59

　　如表 7-2 所示利用扫描电镜可以直接测得每个金属磨粒的投影面积，计算得到对应的磨粒等效直径。选取的 6 组磨粒等效直径从 100μm 以下到超过 200μm，基本覆盖了传动装置从预警到发生严重磨损故障的金属磨粒尺寸范围，使后续实验符合实际运行工况下的磨粒分布情况。

　　选取的 3 种铜磨粒微观形貌图像如图 7-6 所示，选取的 3 组铜磨粒尺寸参数如表 7-3 所示，利用扫描电镜测得每个铜磨粒的投影面积，计算得到铜磨粒等效直径。实验选取的 3 组磨粒等效直径从 200μm 以上到接近 400μm，只能覆盖传动装置从中度磨损到发生严重磨损故障的金属磨粒尺寸范围。这是由于铜磨粒与铁磨粒的检测原理不同，在目前的励磁频率下，150μm 以下的铜磨粒很难被检测到。

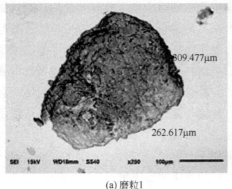

(a) 磨粒1　　　　　　　　　　　　　　　　　　(b) 磨粒2

图 7-6

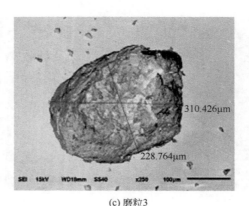

(c) 磨粒3

图 7-6　铜磨粒微观形貌图像

表 7-3　铜磨粒尺寸参数

铜磨粒编号	磨粒 1	磨粒 2	磨粒 3
投影面积 $S/\mu m^2$	39037.27	79321.09	146865.23
等效直径/μm	223.51	281.64	383.23

7.2　磨粒监测模拟实验

7.2.1　单磨粒实验

（1）实验装置

　　实验采用的传感器是自主设计的电感式双励磁传感器，两边励磁线圈通过反向电压的模式进行磨粒实验。传感器中参数设置、材料设计、线圈长度已经明确，因此传感器的参数对磨粒产生的电压与仿真模型产生的感应电压具有一致性。磨粒监测模拟实验台实物图如图 7-7 所示。通过磨粒监测模拟试验台，可以初步验证磨粒监测系统的有效性，为后续的润滑油在线监测实验提供参考和依据。为了能够模拟磨粒穿过传感器的情况，将传动带扎开口后把磨粒封入其中，再加热传动带开口处使带开口处熔合，最后用记号笔进行标记。传动带磁导率非常接近 1，对磁场不会产生影响，可以作为金属磨粒的实验载体。传动带是通过电机驱动的，所以可以调节电机的速度来控制磨粒穿过传感器的速度。

　　磨粒在线监测模拟实验的设备型号选择如下：

　　① 动力设备：动力设备选用功率为 80W 的变频调速电机。

　　② 测试设备：测试设备为磨粒通过的自行设计的电感式双励磁传感器。

图7-7　磨粒监测模拟实验台实物图

③ 消耗设备：专用磨粒润滑油液 RP-4642D；6 组不同参数的标准油液磨粒。

④ 测量仪器设备：

转速传感仪器：转矩的测试范围为 0～1000N·m，转速的测试范围为 0～5000r/min。

温度测试设备：Raytek-raynerST。

通信协议接口：B&B Elctronics 的 RS485 接口。

（2）实验方案

对电感式双励磁传感器进行了励磁理论分析与仿真的实验，为了测试传感器不同的参数对传感器输出性能的影响，设计两个不同参数的变化，改变了磨粒的流动速度和磨粒大小，从而改变传感器感应电动势的变化趋势。设置下面的实验条件。

① 设定其他参数一定的条件下，保证油液具有相同的流动速度，加入不同尺寸的 6 组油液磨粒，观察不同的磨粒通过电感式双励磁传感器时的感应电压值，比较 6 组不同的磨粒与传感器输出电压的变化关系。

② 在其他参数不变的情况下，利用同一种磨粒，测试磨粒不同的流动速度对传感器输出性能的影响。实验中油液磨粒的流动速度可以通过改变电机的转速来实现。为了实验能够简便快速地进行，设置 5 个不同的转度参数，分别是 600r/min、1000r/min、1200r/min、1500r/min、2000r/min。通过测试磨粒通过传感器的瞬间电压值分析磨粒流动速度对电感式双励磁传感器输出性能的影响。

（3）实验结果分析

1）单磨粒传感器输出特性分析

分析单磨粒通过传感器的实验是为了更好地判断实验的稳定性和准确性，因此必须保证在传感器进入实验台之前进行单磨粒的实验。使单个油液磨粒固定在橡胶管内部,将固定磨粒的橡胶管通过电感式双励磁传感器,通过实验平台的监测系统,可以测试出单磨粒通过传感器时引起感应电压的变化曲线。

从图 7-8 中可以看出,单磨粒通过电感式双励磁传感器时产生的电压值前期保持稳定的状态,后期电压值产生脉冲信号。实验得到电压值的变化与理论仿真分析中电压的变化相一致,同时磨粒监测软件对得到的波形信号进行脉冲峰值的测试。

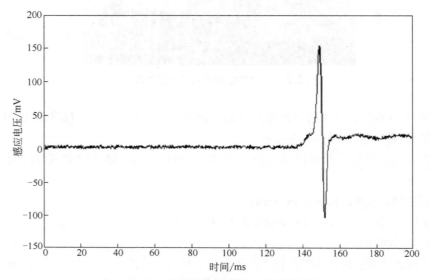

图 7-8　单磨粒通过传感器时产生的感应电压波形图

2)不同磨粒参数对传感器输出特性的影响分析

在保持磨粒大小不变的情况下,通过改变磨粒的流动速度观察传感器感应电压的变化,设置电机的输出速度为 600r/min、1000r/min、1200r/min、1500r/min、2000r/min。

①　磨粒大小对传感器输出电压的变化分析。

为了采集磨粒的大小,利用低空扫描电镜得到油液磨粒的大小,在电机输入的转动速度保持不变的情况下,顺序加入 6 组磨粒。6 组磨粒的等效直径和投影面积如表 7-4 所示。因为磨粒 1 的直径跟投影面积最小,所以在橡胶管中率先加入磨粒 1,观察传感器输出感应电压的变化曲线。磨粒 1 在传感器中输出的感应电压变化曲线没有太大的变化,取磨粒 1 的感应电压平均值作为磨粒 1 通过传感器时产生感应电压的峰值之后,在橡胶管中加入磨粒 2。磨粒 2 的实验过程跟磨粒 1 的实验过程一样,对磨粒 2 进行实验之后接着依次对磨粒 3~磨粒 6 进行实验处理,得到最终的油液磨粒对传感器产生的感应电压峰值曲线图。

表 7-4　6 组不同大小的磨粒参数

参数	磨粒 1	磨粒 2	磨粒 3	磨粒 4	磨粒 5	磨粒 6
等效直径/μm	149.6	175.6	232.6	270.6	312.5	400.6
投影面积 S/μm^2	17156.3	25874.6	42356.6	55635.2	83652.5	125687.6

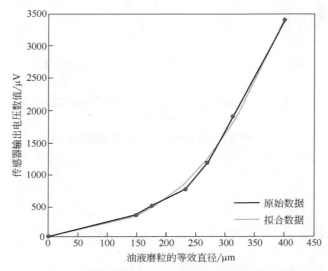

图 7-9　磨粒在 600r/min 转速下感应电压的变化曲线

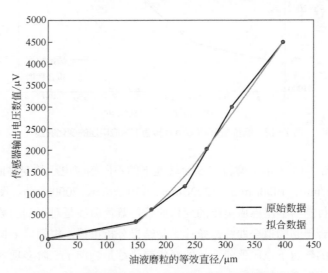

图 7-10　磨粒在 1000r/min 转速下感应电压的变化曲线

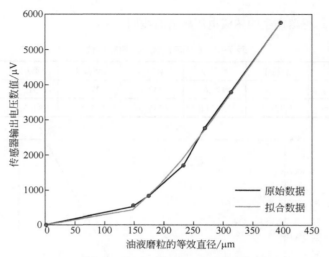

图 7-11　磨粒在 1200r/min 转速下感应电压的变化曲线

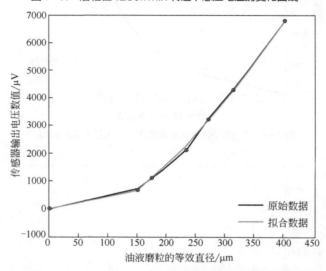

图 7-12　磨粒在 1500r/min 转速下感应电压的变化曲线

　　图 7-9～图 7-13 表示了磨粒在 5 个转速下的不同感应电压的变化曲线。5 个转速分别为 600r/min、1000r/min、1200r/min、1500r/min、2000r/min。图中红色曲线是磨粒大小对传感器输出感应电压的变化曲线，蓝色曲线是对得到的数据进行三阶多项式曲线拟合得到的拟合曲线。统计实验结果分析可得：根据以上拟合得到的曲线在 5 个不同的转速下电压值随磨粒的变化趋势都是趋向于三阶多项式拟合，分析得出三阶多项式拟合正好。

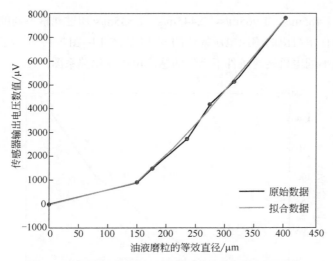

图 7-13　磨粒在 2000r/min 转速下感应电压的变化曲线

② 磨粒流动速度对传感器输出电压的分析。

为了分析油液磨粒流动速度对传感器输出特性的影响，建立 6 组磨粒的速度观察传感器输出感应电压的变化曲线图，通过分析曲线图得到磨粒速度与传感器输出特性之间的关系。实验中电机设定 5 个不同的转速，分别为 710r/min、990r/min、1310r/min、1630r/min、1890r/min，电机转盘半径为 9cm，可计算出磨粒线速度分别

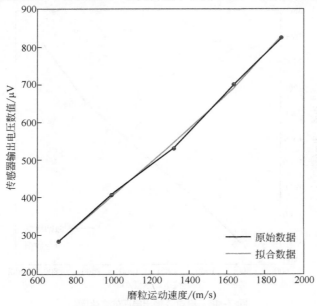

图 7-14　磨粒 1 输出电压的变化图

为 1.065m/s、1.485m/s、1.965m/s、2.445m/s、2.835m/s 通过观察不同的磨粒在电机不同的转速条件下得出的感应电压幅值的变化，图 7-14~图 7-19 显示了试验中 6 组不同的磨粒在不同电机转速条件下产生的感应电压变化关系图。

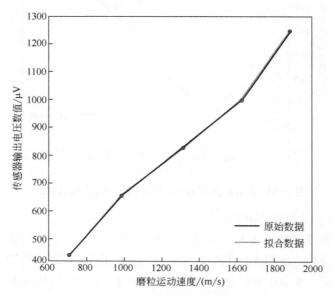

图 7-15　磨粒 2 输出电压的变化图

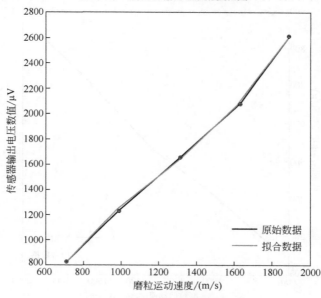

图 7-16　磨粒 3 输出电压的变化图

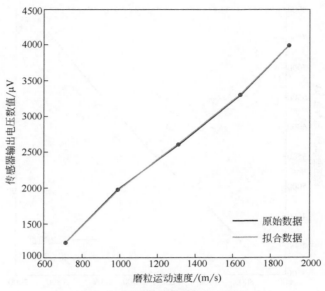

图 7-17　磨粒 4 输出电压的变化图

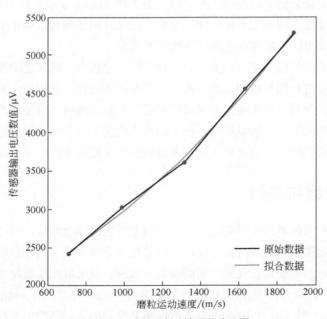

图 7-18　磨粒 5 输出电压的变化图

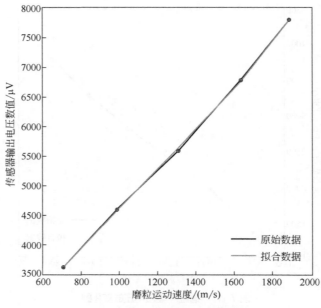

图 7-19　磨粒 6 输出电压的变化图

　　根据实验结果分析可以得出：图 7-14～图 7-19 显示了 6 组不同大小的磨粒与 x 轴代表的运动速度之间的关系曲线图，分别分析这 6 组图形可以看出 y 轴代表的感应电压与 x 轴代表的磨粒速度之间成正比例的关系。

　　实验总体误差原因：在进行实验台搭建分析的过程中，磨粒之间存在一定的差别，在提取磨粒进行测量时每组磨粒都有三个不同的磨粒，利用三个磨粒的平均值作为单个磨粒的参数，因此观察不同磨粒通过电感式双励磁传感器时产生的感应电压峰值存在一定的误差，所以同时对产生的感应电压求取它们的平均值，对每组的数据都求取了它们的平均值之后，这样每组数据不可避免地产生了偏差。

7.2.2　双磨粒实验

　　两相近磨粒同时通过传感器时，两磨粒间会产生磁耦合效应，该效应会急剧增加磨粒系统引起的局部磁场磁能变化，并导致传感器输出较大的感应电动势，因此进行了双磨粒监测实验以验证磨粒间的磁耦合效应。所采用的双磨粒系统如图 7-20 所示。图 7-20（a）～（h）中两磨粒的距离分别为 292μm、322μm、364μm、421μm、455μm、653μm、852μm 及 1083μm。双磨粒系统引起的传感器输出感应电动势如图 7-21 所示。图中 147mV 为实验中两磨粒单独通过传感器时，传感器输出的感应电动势之和。可见当两磨粒间距小于两磨粒平均直径时，两颗磨粒存在一定的重叠，此时两磨粒间的磁场分布是连续的，因此耦合效应比较弱。因此在磨粒重叠区域，传感器输出的感应电动势略大于 147mV。而一旦两磨粒间存在微小间隙，传感器输出的感应电动势迅速增大，且感应电动势幅值远大于两磨粒单独通过传感器时传感器输出信号之和。随着磨粒间距的增加，两磨粒间的耦合效应逐渐减弱，使得传感器输出的感应电动势也回归至 147mV。

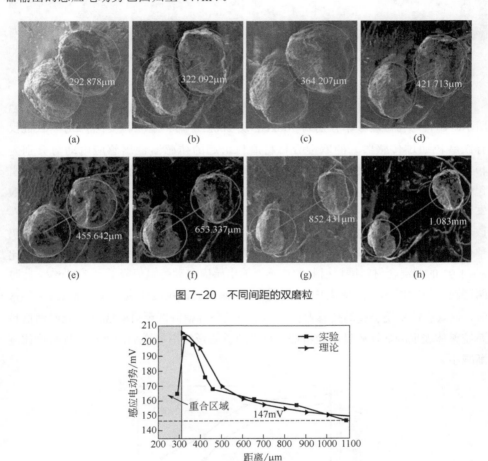

图 7-20　不同间距的双磨粒

图 7-21　双磨粒系统引起的传感器输出感应电动势

为了验证双混合材料磨粒间的磁耦合效应的变化规律，监测双混合材料磨粒通过传感器时的感应电动势信号。实验中所采用的磨粒如图 7-22 所示，其中等效直径

较小的磨粒为铁磨粒，等效直径较大的磨粒为铜磨粒，故图 7-22（a）～（d）分别
描述了磨粒粒度比 τ 为 1.00、1.35、1.97 及 2.65 的双混合材料磨粒。

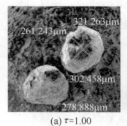

(a) τ=1.00   (b) τ=1.35   (c) τ=1.97   (d) τ=2.65

图 7-22　不同粒度比的双混合材料磨粒

　　当两磨粒同时通过电磁式磨粒监测传感器时，传感器输出感应电动势如图 7-23
所示。当传感器磁场频率分别为 100kHz 及 200kHz 时，磨粒粒度比 $\tau=0$（表征仅
有铁磨粒通过传感器）的双混合材料磨粒引起的传感器输出感应电动势分别为
49.7mV 及 44.2mV。而随着磨粒粒度比的增加，不同频率磁场中双混合材料磨粒引
起的传感器输出感应电动势均逐渐降低。当传感器磁场频率为 100kHz 时，磨粒粒
度比 $\tau=2.65$ 的双混合材料磨粒引起的传感器输出感应电动势幅值降低至 4.07mV。
该现象说明双混合材料磨粒导致的磁场磁能变化发生大幅抵消；但该双磨粒系统仍
整体表现为铁磁性磨粒特征。而当传感器磁场频率增加至 200kHz 时，磨粒粒度比
$\tau=1.97$ 的双混合材料磨粒引起的传感器输出感应电动势幅值降低至 3.11mV，此时
两磨粒产生的磁场磁能变化几乎全部抵消，而当磨粒粒度比进一步增加至 $\tau=2.65$
时，该双磨粒系统引起的传感器输出感应电动势幅值降低至-18.73mV，此时两磨粒
系统整体表现为非铁磁性磨粒特征。可见随着磁场频率的增加，磨粒临界粒度比逐
渐减小。

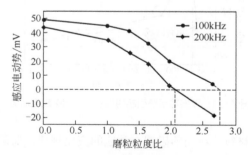

图 7-23　混合材料磨粒引起的感应电动势

7.2.3　添加高磁导率铁芯的传感器监测实验

为了验证高磁导率铁芯材料对传感器感应电动势信号幅值提高的有效性，绕制添加高磁导率铁芯的线圈，并搭建磨粒监测实验系统，选取等效直径分别约为75μm、100μm、150μm 的铁磨粒，以相同速度通过传感器，在软件上记录输出信号。图 7-24 给出了感应线圈有、无磁环状态下，磨粒通过传感器时的监测信号对比。实验结果与仿真吻合，添加磁环可以显著增大磨粒的监测信号幅值。图 7-24（a）显示监测75μm 的磨粒时，相比于无磁环的传感器，添加磁环的传感器监测信号幅值提高了约 3.8 倍；图 7-24（b）、（c）则显示磁环分别将 100μm、150μm 磨粒的监测信号幅值提高了约 3.1 倍、2.5 倍。显然无磁环传感器在 75μm 磨粒通过时的监测信号信噪比过低，添加磁环后原本不可用的监测信号幅值显著增大，信噪比明显提高，传感器对较小磨粒的监测能力得到了增强。

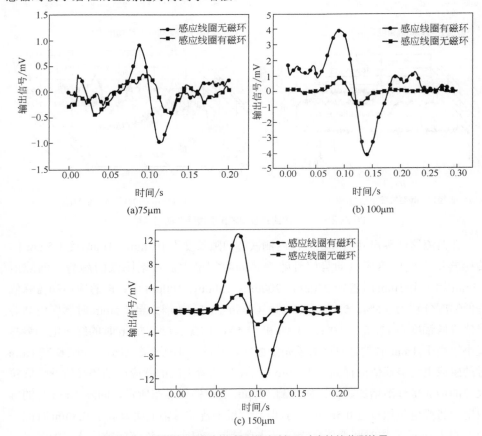

图 7-24　有或无磁环的传感器分别对各尺寸磨粒的监测信号

（1）励磁线圈内侧铁芯间隙长度对传感器监测性能的影响

励磁线圈内侧铁芯间隙长度为 0.2mm、0.5mm、1mm、1.5mm 时，各尺寸磨粒的感应电动势输出信号曲线如图 7-25 所示。内侧铁芯间隙长度 0.2mm 时，传感器输出感应电动势幅值出现明显下降，通过直径 250μm 磨粒时的电动势峰值为 32.4mV，相比于无铁芯传感器的 72mV 下降 55%，此时传感器无法识别直径 100μm 的磨粒，仅能勉强监测到直径 150μm 的磨粒。

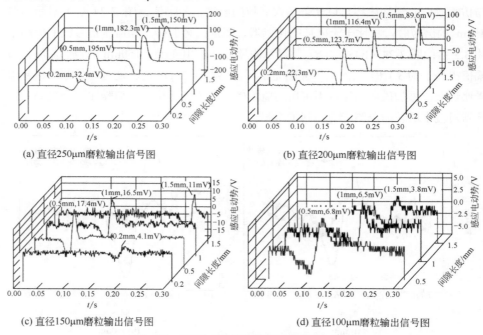

(a) 直径250μm磨粒输出信号图　　　　　(b) 直径200μm磨粒输出信号图

(c) 直径150μm磨粒输出信号图　　　　　(d) 直径100μm磨粒输出信号图

图 7-25　不同内侧铁芯间隙长度传感器输出信号

在监测这四种尺寸的磨粒时，内侧铁芯间隙长度为 0.5mm、1mm 及 1.5mm 的传感器均表现出感应电动势信号随铁芯间隙的增大而逐渐降低的趋势。间隙由 0.5mm 增大至 1mm 时直径 250μm、200μm、150μm、100μm 磨粒的感应电动势峰值降低幅度分别为 6.5%、5.9%、5.2% 和 4.4%；由 1mm 增大至 1.5mm 时感应电动势峰值降低幅度为 17.7%、23%、33.3% 和 41.5%。间隙长度 0.5mm 时的感应电动势峰值小幅高于 1mm 时的，且两者差距随磨粒尺寸的减小而逐渐缩小。间隙长度 1mm 时的感应电动势峰值同样高于 1.5mm 时的，但两者之间的感应电动势峰值差随磨粒尺寸的增加呈逐渐增加趋势。如监测 150μm 磨粒的信号图所示，间隙 1mm 时的感应电动势峰值虽然接近 0.5mm 时的，但其背景干扰信号幅值明显高于 0.5mm 时的，当监测 100μm 磨粒时两者信号峰值已非常接近，但 1mm 铁芯间隙传感器的背景干扰信号仍高于 0.5mm 时的。

实验结果表明，励磁线圈内侧铁芯间隙在一定范围内越小时，传感器的监测性能越好。本实验中的最佳铁芯间隙为 0.5mm，同时间隙不宜过小，过小的铁芯间隙可能导致传感器磁场的分布范围过小，从而无法将磨粒引起的磁场扰动区域全部包括在内，最终导致监测信号强度出现大幅衰减，削弱传感器监测性能。

（2）励磁线圈内侧铁芯厚度对传感器监测性能的影响

励磁线圈内侧铁芯间隙厚度为 0.05mm、0.1mm、0.15mm 时，各尺寸磨粒的感应电动势输出信号曲线如图 7-26 所示。传感器通过各尺寸磨粒时的感应电动势在总体上随励磁线圈内侧铁芯厚度的增加呈降低趋势，内侧铁芯厚度较小时，传感器可以输出更高的感应电动势峰值。铁芯厚度由 0.05mm 增加至 0.1mm 时，传感器通过直径 250μm、200μm、150μm、100μm 磨粒所产生的感应电动势峰值依次降低了 55.4%、49.1%、62.6%、60.3%，平均降低 56.9%。铁芯厚度由 0.1mm 增加至 0.15mm 时，传感器已无法有效监测出直径 100μm 的磨粒，此时传感器通过直径 250μm、200μm、150μm 磨粒所产生的感应电动势峰值依次降低 41.7%、36.5%、35.4%，表现为大尺寸磨粒感应电动势峰值随铁芯厚度增加而产生的衰减值相比于小尺寸磨粒时较高，平均降低值为 37.9%。

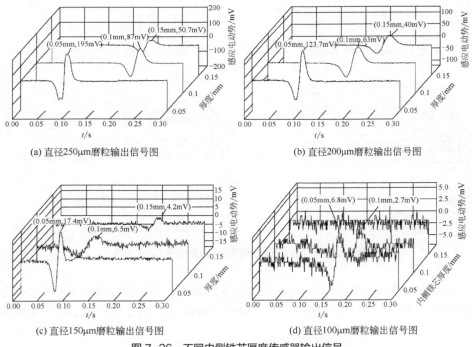

(a) 直径250μm磨粒输出信号图　　(b) 直径200μm磨粒输出信号图

(c) 直径150μm磨粒输出信号图　　(d) 直径100μm磨粒输出信号图

图 7-26　不同内侧铁芯厚度传感器输出信号

实验结果表明，为励磁线圈内侧添加铁芯时，应尽量减小高磁导率铁芯的厚度，较大的铁芯厚度反而会降低传感器的输出感应电动势峰值，在铁芯厚度较小（小于0.1mm）时，内侧铁芯对传感器监测性能的提升效果较为显著。

（3）励磁线圈内侧铁芯间隙轴向位置对传感器监测性能的影响

以励磁线圈远离感应线圈一侧轴向垂直截面为坐标原点建立坐标系，坐标值代表内侧铁芯间隙以传感器感应线圈一侧为坐标轴正方向的轴向位置。励磁线圈内侧铁芯间隙轴向位置为 0mm、0.7mm、1.4mm、2.1mm、2.8mm 时，各尺寸磨粒的感应电动势输出信号曲线如图 7-27 所示（位置 0mm 及 2.8mm 时无法监测直径 100μm 的磨粒）。铁芯间隙轴向位置为 0～2.1mm 时，各尺寸磨粒通过传感器时的输出感应电动势幅值均随位置坐标的增加而升高。

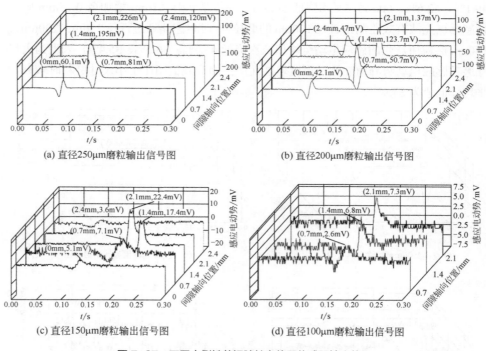

图 7-27　不同内侧铁芯间隙轴向位置传感器输出信号

具体表现为，位置坐标由 0mm 增加至 0.7mm 时，对各尺寸磨粒感应电动势峰值的提升百分比为 24.8%（250μm）、20.4%（200μm）、39.2%（150μm），平均提升 31.5%；位置坐标由 0.7mm 增加至 1.4mm 时，对各尺寸磨粒感应电动势峰值的提升百分比为 140.7%（250μm）、144%（200μm）、145.1%（150μm）和 161.5%（100μm），平均提升 147.8%；位置坐标由 1.4mm 增加至 2.1mm 时，对各尺寸磨粒感应电动势峰值的提升百分比为 15.9%（250μm）、10.8%（200μm）、28.7%（150μm）和 7.4%（100μm），平均提升 15.7%。铁芯间隙轴向位置为 2.8mm 即内测铁芯间隙与感应线圈一端截面相邻时，各尺寸磨粒感应电动势峰值均出现明显降低，间隙轴向位置小于 0.7mm 及大于 2.1mm 时且无法监测到直径 100μm 的磨粒。

实验结果表明，随着励磁线圈内侧铁芯轴向位置坐标的增加，各尺寸磨粒感应电动势峰值呈小幅增加（平均提升 28.5%）→大幅增加（平均提升 147.8%）→小幅提升（15.7%）的变化趋势，其峰值应出现在励磁线圈中点与感应线圈一侧截面之间。当间隙坐标进一步增加，代表其更加靠近感应线圈时，传感器的输出感应电动势峰值呈下降趋势。因此，励磁线圈内侧两铁芯间隙的轴向位置取励磁线圈中点与感应线圈截面之间（本实验中为 2.1mm）时，可使励磁线圈内侧铁芯对传感器监测性能的提升效果达到最佳。

7.2.4 传感器线圈参数优化实验

传感器线圈参数优化实验包括磁场测量实验和静态特性测试实验，应用的实验器材有蔡司扫描电子显微镜、F-30 多维磁场测试仪、磨粒直线运动实验台和油液磨粒在线监测系统，测试传感器内部磁场和传感器静态特性，对比分析线圈参数优化前后磁场均匀性和静态特性。

（1）传感器内部磁场测量实验

电感式油液磨粒在线监测传感器内部磁场测量实验台布置如图 7-28 所示。由图 7-28（a）所示传感器磁场测量实验示意图可知，F-30 多维磁场测试仪的位移模块和数据采集模块通过串口连接到上位机，上位机中的操作软件可以控制电控位移台的位置移动，在允许范围内安装在电位移台的探头可以实现各种位置的扫描。探头测量的数据可以实时上传到高斯计，上位机与高斯计之间有通信连接，通过上位机的软件可以完成数据采集。电感式油液磨粒在线监测传感器垂直放置在测试平台，通过操作电控位移台完成传感器管径内部轴线方向磁场和管径内壁磁场测量。传感器磁场测量实验台实际布置如图 7-28（b）所示。

通过传感器磁场测量实验台对传感器内部各点磁感应强度多次测量取平均值，线圈参数优化前后传感器轴线方向和内壁方向各点磁感应强度峰值如表 7-5 所示。

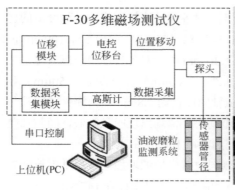
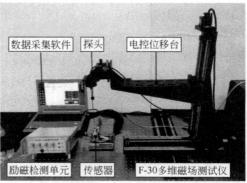

(a) 传感器磁场测量实验示意图 　　　　(b) 传感器磁场测量实验台实际布置

图 7-28　传感器内部磁场测量实验

表 7-5　线圈参数优化前后传感器内部磁感应强度峰值

轴线位置/mm	2	4	6	8	10	12	14
优化前轴线磁感应强度峰值/T	9.11E-4	1.58E-3	1.61E-3	1.16E-3	6.44E-4	3.58E-4	1.08E-4
优化后轴线磁感应强度峰值/T	2.06E-3	3.74E-3	4.41E-3	4.05E-3	2.84E-3	1.45E-3	5.50E-4
优化前内壁磁感应强度峰值/T	8.54E-4	2.65E-3	2.66E-3	9.06E-4	3.81E-4	1.51E-4	4.61E-5
优化前内壁磁感应强度峰值/T	2.34E-3	4.28E-3	5.18E-3	4.60E-3	3.22E-3	1.51E-3	6.38E-4

　　根据第 4 章传感器磁场均匀性系数计算公式和表 7-5 中数据绘制的线圈参数优化前后传感器内部磁场均匀性曲线如图 7-29 所示。由图中磁场均匀性系数曲线变化趋势可知，线圈参数优化前传感器内部磁场分布不均匀，z 轴坐标在 2.1～7.4mm 之间传感器内壁方向的磁场强度大于轴线方向的磁场强度。线圈参数优化后传感器内部磁场均匀性系数在 1.1 上下波动且波动区间较小，传感器内部磁场分布均匀，线圈参数优化后传感器内部磁场更加稳定。

　　（2）传感器静态特性测试实验

　　传感器静态特性实验台如图 7-30 所示。实验台由滚珠丝杠运动平台和油液磨粒在线监测系统组成。操作步进电机控制系统可实现步进电机正反转和转速调节。磨粒标样棒一端固定在滚珠丝杠的滑块上，标样棒依靠滑块运动可以往复穿过传感器管径。调节传感器前后位置可实现标样棒进入传感器的径向位置。传感器接入励磁检测单元，数据采集软件可实时采集传感器产生的感应电动势。

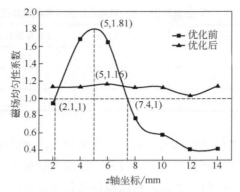

图 7-29 传感器内部磁场均匀性曲线

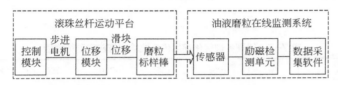

传感器静态特性测试实验台布局图

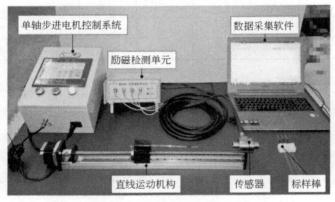

图 7-30 传感器静态特性实验台

选取 200μm 铁磨粒标样棒和 200μm 铜磨粒标样棒,通过调整传感器的前后位置,采集磨粒以不同径向位置通过传感器时的输出感应电动势峰值,经多次测量取平均值后得到表 7-6 中的数据。分析表中数据可知,磨粒以内壁方向通过传感器时的输出感应电动势大于轴线方向通过时的输出感应电动势,线圈参数优化后传感器不同径向位置输出的感应电动势的差值变小。优化的线圈参数组合降低了传感器不同径向位置的输出差值,提高了传感器输出的稳定性。

表 7-6　不同径向位置通过传感器后输出感应电动势峰值

径向位置	优化前铁磨粒	优化后铁磨粒	优化前铜磨粒	优化后铜磨粒
轴线处/mV	31.26	59.39	2.84	5.37
内壁处/mV	36.57	62.55	3.34	5.69
差值/mV	5.31	3.16	0.5	0.32

不同标样磨粒通过传感器轴线方向，多次采集输出感应电动势峰值取平均值后得到表 7-7 中的数据。分析表中数据可知，线圈参数优化后传感器能够监测到 50μm 的铁磨粒和 100μm 的铜磨粒，相同粒径磨粒通过传感器时，线圈参数优化后传感器输出感应电动势峰值增大，线圈参数优化后传感器对磨粒的识别能力明显提高。

表 7-7　线圈参数优化前后传感器输出感应电动势峰值

磨粒直径/μm	50	100	150	200	250	300	350
优化前铁磨粒/mV	—	3.91	13.19	31.26	61.06	105.5	167.5
优化后铁磨粒/mV	1.01	7.43	25.06	59.39	116.01	200.45	318.25
优化前铜磨粒/mV	—	—	1.21	2.84	5.55	9.59	15.23
优化后铜磨粒/mV	—	1.21	2.29	5.37	10.49	18.13	28.78

根据表 7-7 中数据绘制的线圈参数优化前后输出感应电动势峰值曲线如图 7-31 所示。对图 7-31（a）中各数值点进行曲线拟合，分别得到线圈参数优化前后传感器监测铁磨粒的输出感应电动势峰值拟合曲线公式 $E_{1(铁)}$ 和 $E_{2(铁)}$。对图 7-31（b）中各数值点进行曲线拟合，分别得到线圈参数优化前后传感器监测铜磨粒的输出感应电动势峰值拟合曲线公式 $E_{1(铜)}$ 和 $E_{2(铜)}$。输出感应电动势峰值拟合曲线表达式如下所示：

$$E_{1(铁)} = 3.9 \times 10^{-6} x^3 + 6.7 \times 10^{-6} x^2 - 0.0011x + 0.062 \tag{7-1}$$

$$E_{2(铁)} = 7.39 \times 10^{-6} x^3 + 1.93 \times 10^{-5} x^2 - 0.0036x + 0.214 \tag{7-2}$$

$$E_{1(铜)} = 3.47 \times 10^{-7} x^3 + 6.97 \times 10^{-6} x^2 - 0.0019x + 0.161 \tag{7-3}$$

$$E_{2(铜)} = 4.83 \times 10^{-7} x^3 + 1.46 \times 10^{-4} x^2 - 0.0363x + 2.873 \tag{7-4}$$

根据第 4 章传感器静态特性中的灵敏度公式，对上述输出感应电动势拟合曲线公式进行求导，得到线圈参数优化前后传感器各点处灵敏度数值如表 7-8 所示。

分析表中数据可知，电感式油液磨粒在线监测传感器监测铁磨粒的灵敏度高于铜磨粒的灵敏度，优化的线圈参数组合能有效提升传感器的灵敏度。

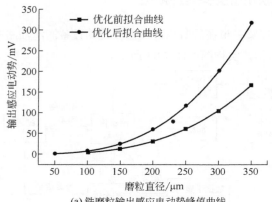

(a) 铁磨粒输出感应电动势峰值曲线

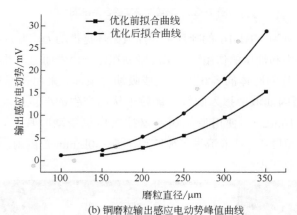

(b) 铜磨粒输出感应电动势峰值曲线

图 7-31　线圈参数优化前后输出感应电动势峰值曲线

表 7-8　线圈参数优化前后传感器灵敏度数值

磨粒直径/μm	优化前铁磨粒	优化后铁磨粒	优化前铜磨粒	优化后铜磨粒
150	0.264	0.496	0.019	0.040
200	0.470	0.884	0.037	0.080
250	0.734	1.383	0.060	0.127
300	1.056	1.993	0.088	0.182
350	1.437	2.714	0.121	0.243

7.3 磨粒监测油液实验

7.3.1 磨粒监测油液实验概述

磨粒监测实验台能够模拟在线监测传感器在传动设备润滑油路中的工作状态，其系统图如图 7-32 所示，实物图如图 7-33 所示。

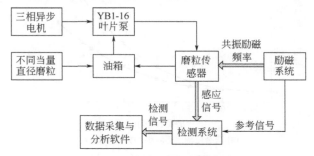

图 7-32　磨粒监测实验台系统图

实验选用型号为 YB1-16 的叶片泵为油液循环提供动力。叶片泵内的转子旋转时，叶片在离心力和油压的作用下，末端紧贴在定子内表面上，并利用定子和转子的偏心，实现叶片间腔体的容积变化完成吸油与泵油。采用该原理的油泵，可有效避免齿轮油泵因油液中掺入的较大磨粒干扰而产生的严重振动以及卡死故障。叶片泵排量为 16mL/r，使用变频调速器控制电机带动叶片泵，将转速控制在 310～2500r/min 范围内，油液流量可被控制在 5～40L/min 范围内，模拟车辆综合传动装置的真实运行工况。

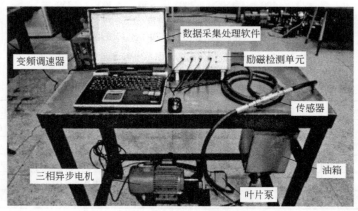

图 7-33　磨粒监测实验台实物图

向洁净油液中添加准备好的金属磨粒时，若直接将磨粒倒入油箱，可能造成磨粒在容器表面或管路接口等位置的沉积附着，无法保证全部实验磨粒随循环油液运动。因此实验中首先开启叶片泵并使油液进入稳定流动状态，将实验磨粒倒入少量润滑油并预先搅拌后缓慢加入油箱中。此后开始在数据处理软件中观测记录传感器监测信号，监测信号如图 7-34 所示。

　　与无油液的实验观测结果类似，油液中的磨粒随油液运动通过传感器可产生类正弦波形信号。数据处理软件可经过反复实验进行标定，通过记录监测信号幅值判定出磨粒尺寸，获得油液磨粒不同尺寸的分布情况。但为实验中对比传感器，实验使用未标定数据处理软件，人工对信号幅值数据与磨粒尺寸进行对应。

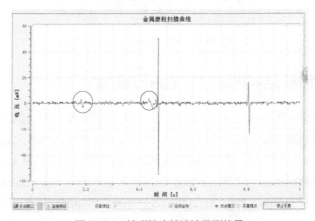

图 7-34　铁磁性磨粒油液监测信号

　　为了验证改进后的传感器在真实油液环境下的监测效果，将传感器安装在润滑油循环系统中，携带金属磨粒的油液由叶片泵驱动循环并通过传感器。为了全面了解油液环境下传感器对各种类磨粒的监测性能，在洁净的润滑油中同时添加了 4 个种类的磨粒，即等效直径 70~100μm 的铁磨粒、100~150μm 的铁磨粒、150~200μm 的铁磨粒和 200~280μm 的铜磨粒，每种数量均为 30 个。使全部润滑油在系统中循环并通过传感器 10 次。通过记录磨粒的监测信号，估测对应磨粒尺寸，并记录不同尺寸铁磨粒以及铜磨粒的出现次数。

　　统计结果如图 7-35 所示，直径接近 100μm 的较小磨粒出现次数与理论标准（300）相差不大，50~100μm 的磨粒出现次数多于标准值，而 100~150μm 的磨粒略少于标准值。直径较大的磨粒，无论铁磨粒或铜磨粒，出现数量较理论标准偏少的现象较为严重。这种现象的可能原因是：一方面，在运行过程中，即使加入过程经过搅拌混合，但较大磨粒仍可能受循环油液流体力作用相对较弱，易附着、阻滞于接口或内壁；另一方面，较大磨粒可能在高速旋转的叶片与泵内壁接触位置被挤压碎裂为较小的颗粒。

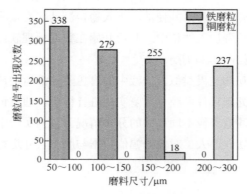

图 7-35 实验油液磨粒分布

7.3.2 传感器结构参数优化油液实验

为测试传感器在油液环境下的监测性能，搭建了如图 7-36 所示的油液磨粒监测实验台。油液磨粒监测实验台循环油路中装有优化后的传感器和加拿大 GASTOPS 公司研制的 Metal SCAN 传感器，恒温油箱的容量为 4L，油液选用长城 8 号液力传动油。在磨粒筛每层中分别挑选 5 粒铁磨粒和 5 粒铜磨粒放入油液，各层筛网允许通过的最大磨粒直径分别为 315μm、250μm、200μm、150μm、100μm。为防止磨粒沉淀，在油箱上方装有搅拌器。为更加接近实际工况，油液温度设置为 60℃，磨粒速度为 2m/s。磨粒速度近似等于油液流速，已知油液管径为 6mm，泵的排量应设置为 56mL/s。

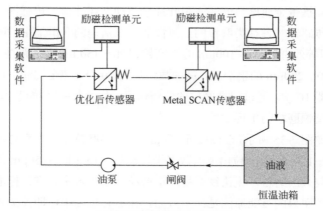

(a) 油液磨粒监测实验台示意图

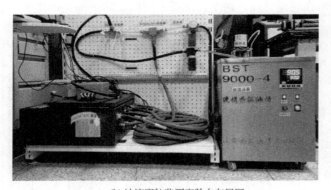

(b) 油液磨粒监测实验台布局图

图 7-36　油液磨粒监测实验台

实验开始前先将恒温油箱的加温设备和搅拌器打开，当达到预设温度后打开油箱闸阀实验开始，油箱中油液循环 200 次即实验运行 3.5h 后实验结束，采集的数据如表 7-9 所示。

表 7-9　油液磨粒监测数量统计

设备	0～100μm	100～150μm	150～200μm	200～250μm	＞315μm
优化后传感器（铁）	853	914	926	939	961
Metal SCAN 传感器（铁）	877	925	931	943	964
优化后传感器（铜）	619	716	823	887	929
Metal SCAN 传感器（铜）	678	761	844	901	936

根据表 7-9 中数据绘制的油液磨粒数量分布柱状图如图 7-37 所示。油液实验台工作 3.5h，理论上通过传感器的铁磨粒数量和铜磨粒数量应各为 1000 粒。由图 7-37（a）可知，优化后传感器和 Metal SCAN 传感器对各尺寸段铁磨粒的监测率均在 85% 以上，两个传感器对 0～100μm 尺寸段铁磨粒的监测数量相差 24 个，随着磨粒直径的变大传感器的监测率在逐渐升高，两个传感器之间的监测率偏差在逐渐减小，两个传感器对铁磨粒直径大于 300μm 的监测率接近一致。由图 7-37（b）可知，优化后传感器和 Metal SCAN 传感器对粒径大于 150μm 铜磨粒的监测率达到 80% 以上，

两个传感器对 0～100μm 尺寸段铜磨粒的监测数量相差 59 个,随着磨粒直径的变大传感器的监测率在逐渐升高,两个传感器之间的监测率偏差在逐渐减小。

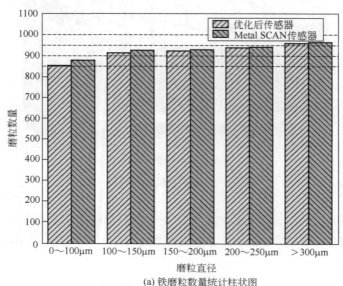

(a) 铁磨粒数量统计柱状图

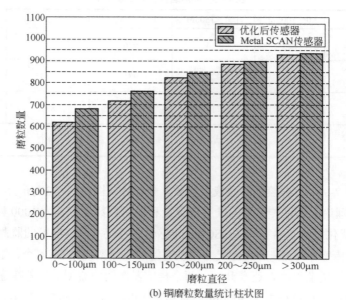

(b) 铜磨粒数量统计柱状图

图 7-37　油液磨粒监测数量分布柱状图

7.3.3 磨粒监测汇流排传动系统油液实验

为了监测传动部件在实际工作中的摩擦磨损状态，搭建了如图 7-38 所示的基于汇流排传动系统的磨粒监测实验台。

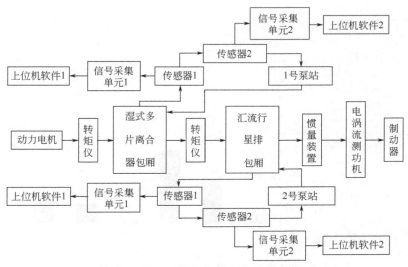

图 7-38　基于汇流排传动系统的磨粒监测实验台

磨粒传感器直接接入泵站回油路中，磨粒信号采集单元和上位机软件组成的监测装置在离合器包厢和汇流行星排包厢处单独接入，如图 7-39 所示即为汇流排传动系统，图 7-40 为磨粒监测实验台。

图 7-39　汇流排传动系统

图 7-40　磨粒监测实验台

取实验累计约 38h 的监测结果来说明油液中磨粒的变化规律。初始在系统中加入新油，此时系统中的润滑油液可以认为没有杂质污染。实验分为 6 天完成，磨损小时数分别为 5h、9h、8h、9h、4.5h、2.79h，取 5 天有效数据。图 7-41 为磨粒监测界面，显示了磨粒数量和质量的变化。图 7-42 为采集到的磨粒监测信号。图 7-43 为磨粒传感器采集每天单位时间生成的磨粒数量和磨粒质量的变化趋势。

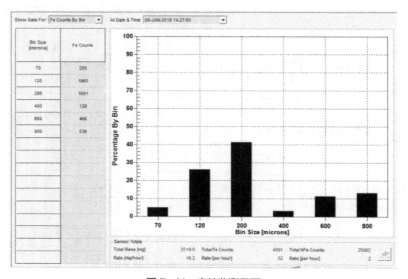

图 7-41　磨粒监测界面

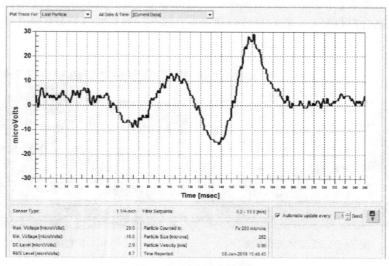

图 7-42　磨粒监测信号

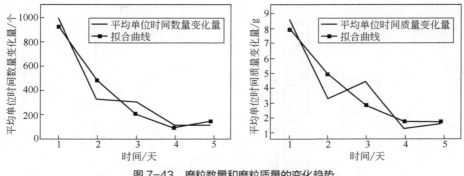

图 7-43　磨粒数量和磨粒质量的变化趋势

　　由以上结果可以看出，在每一天中，单位时间磨粒数量和质量基本保持下降趋势，这是因为传动部件及其他零部件并没有发生严重磨损。实验也由于条件受限没有做破坏性实验，系统一直处于较稳定的状态，开始变化量大，可能是由于系统本身存在的磨粒残留在润滑系统中引起的。

　　实验对汇流行星排及湿式离合器的磨损状态进行了在线监测，图 7-44 和图 7-45分别描述了汇流行星排及湿式离合器中的磨粒尺寸分布。由图可见，油液中磨粒主要集中分布于 80~100μm。

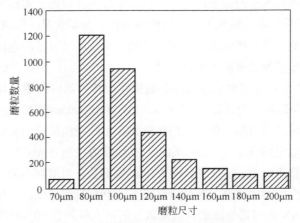

图 7-44　汇流行星排中的磨粒尺寸分布

　　综上所述，实际油液环境下的实验结果，证明传感器能较准确地监测循环状态油液所含的磨粒尺寸分布且反映磨粒数量的变化，提供设备的磨损状态信息并对潜在故障做出预警。

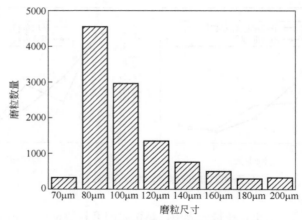

图 7-45　湿式离合器中的磨粒尺寸分布

7.4　本章小结

本章根据油液在线监测系统原理设计了磨粒监测实验系统，通过皮带传动式磨粒监测模拟实验、全液流磨粒监测实验和传动系统磨损量在线监测实验，分析验证油液磨粒在线监测传感器的磁场均匀性、灵敏度等各项性能。实验表明：

① 电感式磨粒监测系统能够即时反映零部件的磨损状况；模拟实验验证了单、双磨粒的监测效果，以及磨粒流经传感器时的大小及速度对感应电压的影响和添加高磁导率铁芯对传感器灵敏度的提升效果。

② 传感器优化实验结果显示线圈参数优化后传感器内部磁场均匀性系数波动小，传感器磁场均匀程度明显提升。200μm 铁磨粒和 200μm 铜磨粒分别以不同径向位置通过传感器时，线圈参数优化后的传感器在不同径向位置的输出感应电动势峰值的差值变小，输出感应电动势更加稳定。在线圈内径为 5mm 时，线圈参数优化后的传感器能够监测到 50μm 铁磨粒和 100μm 铜磨粒，对磨粒的监测范围变大，同时传感器的灵敏度也得到提升。在油液环境下的磨粒监测效果，优化后传感器监测效果与 Metal SCAN 传感器油液磨粒监测数量的最大偏差在 10% 以内。

③ 油液磨粒监测实验验证了电感式磨粒监测传感器的监测性能，对后期在线磨粒监测传感器的优化有很大的帮助。利用所建立的油液磨粒在线监测系统对综合传动实验台液压系统正常运行状态下离合器和汇流行星排磨粒分布情况进行了研究，为今后磨粒在线监测系统的实际应用提供依据。

参考文献

[1] 张行. 基于 Labview 的风电机组油液在线监测及运行状态评价系统[D]. 北京：华北电力大学, 2011.

[2] 周健, 胡献国.一种磨粒在线监测传感器的设计及其电路的仿真分析[J].机械制造, 2011, 49(06):79-81.

[3] 彭娟, 喻其炳, 高陈玺, 等. 全油流颗粒监测技术的研究进展[J]. 重庆工商大学学报(自然科学版), 2012, 29(03):89-93.

[4] 郭海林, 王晓雷. 基于平面线圈的磨粒监测传感器[J]. 仪表技术与传感器, 2012(02):3-4, 11.

[5] 黎琼炜.新型油液在线监控技术[J]. 测控技术, 2005(04):6-10.

[6] 傅舰艇, 詹惠琴, 古军.三线圈电感式磨粒传感器的检测电路[J].仪表技术与传感器, 2012(02):5-7.

[7] 冯丙华, 杜永平. 电感式磨粒检测传感器参数的探讨[J].煤矿机械, 2005(10):52-54.

[8] 郑长松, 李萌, 高震, 等. 电感式磨粒传感器磨感电动势提取方法[J]. 振动、测试与诊断, 2016, 36(01):36-41, 196.

[9] 陈讬, 郑长松, 刘勇. 磨粒径向位置对传感器输出的影响[J]. 湖南农机, 2014, 41(12):26-27.

[10] 宫燃, 李洪武, 周晓军. 传动装置密封环摩擦磨损性能研究[J]. 摩擦学学报, 2008, 28(6):541-545.

[11] 徐超, 张培林, 任国全, 等. 基于油液原子光谱多维时间序列模型的机械磨损状态监测研究[J]. 光谱学与光谱分析, 2010, 30(11):2902-2905.

[12] 李克斯, 张尔卿, 傅攀, 等. 不完备先验知识下的机械密封端面磨损状态评估研究[J]. 摩擦学学报, 2016, 36(6):717-725.

[13] ZHU J, YOON J M, HE D, et al. Online particle-contaminated lubrication oil condition monitoring and remaining useful life prediction for wind turbines[J].Wind Energy, 2015, 18(6):1131-1149.

[14] 王洪伟, 陈果, 陈立波, 等.一种航空发动机滚动轴承磨损故障监测技术[J].航空动力学报, 2014, 29(9):2256-2263.

[15] 徐晓健, 严新平, 盛晨兴, 等.基于证据推理规则的船舶柴油机磨损类型辨识研究[J]. 摩擦学学报, 2017, 37(6): 814-822.

[16] 温诗铸. 材料磨损研究的进展与思考[J]. 摩擦学学报, 2008, 28(1):1-5.

[17] ZENG L, ZHANG H, WANG Q, et al. Monitoring of non-ferrous wear debris in hydraulic oil by detecting the equivalent resistance of inductive sensors[J]. Micromachines, 2018, 9(3):117.

[18] NOON A A, KIM M H. Erosion wear on Francis turbine components due to sediment flow[J]. Wear, 2017, s 378-379:126-135.

[19] PENG Y P, WU T H, WANG S, et al. Wear state identification using dynamic features of wear debris for on-line purpose[J]. Wear, 2017, 376-377:1885-1891.

[20] 吴瑜, 张洪朋, 王满, 等. 金属颗粒形态对电感式传感器输出特性影响的研究[J]. 仪器仪表学报, 2015, 36(10):2283-2289.

[21] BLOTT S J, PYE K. Particle shape: a review and new methods of characterization and classification[J]. Sedimentology, 2007:170(22):46-48.

[22] 李奇, 王宪成, 何星, 等.高功率密度柴油机缸套-活塞环摩擦副磨损失效机理[J]. 中国表面工程, 2012(4):36-41.

[23] BO L, LIANG F, SUN K. Variance of particle size: another monitor to evaluate abrasive wear[J]. Tribology Letters, 2014, 55(3):465-472.

[24] EDMONDS J, RESNER M S, SHKARLET K . Detection of precursor wear debris in lubrication systems[C]// Aerospace Conference. IEEE, 2000.

[25] MABE J, ZUBIA J, GORRITXATEGI E. Photonic low cost micro-sensor for in-line wear particle detection in flowing lube oils[J]. Sensors, 2017, 17(3):586.

[26] WU H, KWOK N M, LIU S, et al. A prototype of on-line extraction and three-dimensional characterisation of wear particle features from video sequence[J]. Wear, 2016, 368-369:314-325.

[27] 闫书法, 马彪, 郑长松, 等. 基于不确定油液光谱数据的综合传动装置剩余寿命预测[J]. 光谱学与光谱分析, 2019, 39(02):227-232.

[28] 郑长松, 马彪, 马源. 基于油液光谱分析的综合传动状态监测试验研究[J]. 光谱学与光谱分析, 2009, 29(3):3.

[29] 孙磊, 贾云献, 蔡丽影, 等. 基于油液光谱分析和粒子滤波的发动机剩余寿命预测研究[J]. 光谱学与光谱分析, 2013, 33(9):5.

[30] 吕克洪, 李岳.基于铁谱信息的发动机故障诊断专家系统研究[J].内燃机学报, 2003(06):453-457.

[31] 王静秋, 张龙, 王晓雷. 融合颜色聚类和分水岭算法的铁谱图像分割[J]. 中国矿业大学学报, 2013(05):866-872.

[32] 冯伟, 李秋秋, 贺石中. 基于铁谱分析的颗粒分类识别方法与应用[J]. 润滑与密封, 2015(12):125-130.

[33] 徐斌, 温广瑞, 苏宇, 等. 多层次信息融合在铁谱图像磨损颗粒识别中的应用[J]. 光学精密工程, 2018(06):1551-1560.

[34] ZHU X L, ZHONG C, JIANG Z. Lubricating oil conditioning sensors for online machine health monitoring： a review[J]. Tribology International, 2017, 109:473-484.

[35] XIAO H B. Experimental research on diesel engine friction and wear based on ferrographic analysis[J]. Applied Mechanics & Materials, 2015, 778(1):195-198.

[36] MACIÁN V, TORMOS B, MIRÓ G, et al. Experimental assessment and validation of an oil

ferrous wear debris sensors family for wind turbine gearboxes[J]. Sensor Review, 2017, 38(1):84-91.

[37]   SINGH R, MA D, AGARWAL A, et al. On-chip photonic particle sensor[C]. Microfluidics, BioMEMS, and Medical Microsystems XVI, 2018.

[38]   SOSKIND Y G, OLSON C, MABE J, et al. SPIE proceedings [SPIE SPIE OPTO-San Francisco, California, United States (Saturday 28 January 2017)] photonic instrumentation engineering IV-lens-free imaging-based low-cost microsensor for in-line wear debris detection in lube oils[C]. Photonic Instrumentation Engineering IV. International Society for Optics and Photonics, 2017:101101D.

[39]   JAGTIANI A V, CARLETTA J, ZHE J. A microfluidic multichannel resistive pulse sensor using frequency division multiplexing for high throughput counting of micro particles[J]. Journal of Micromechanics & Microengineering, 2011, 21(6):65004.

[40]   DU L, DAVIS J, ZHE J. Instrumentation circuitry for an inductive wear debris sensor[C]. New Circuits and Systems Conference (NEWCAS), 2012 IEEE 10th International. IEEE, 2012.

[41]   EVANS I, YORK T. Microelectronic capacitance transducer for particle detection[J]. IEEE Sensors Journal, 2004, 4(3):364-372.

[42]   明廷锋, 朴甲哲, 张永祥, 等. 超声波磨损颗粒监测方法的研究[J]. 内燃机学报, 2004, 22(4):357-362.

[43]   徐超, 张培林, 王正军, 等. 基于 KZK 方程的在线超声磨损颗粒传感器的设计[J]. 润滑与密封, 2014, 39(4):28-33.

[44]   徐超, 张培林, 任国全, 等. 新型超声磨损颗粒传感器输出特性研究[J]. 摩擦学学报, 2015, 35(1):90-95.

[45]   吕纯, 张培林, 吴定海, 等. 基于超声传感器的油液磨损颗粒在线监测系统的研究[J]. 机床与液压, 2016, 44(7):73-75.

[46]   WHITESEL H K, NORDLING D A, NEMARICH C P. Online wear-particle monitoring based on ultrasonic-detection[J]. Intech, 1986, 33(6):53-57.

[47]   范红波, 张英堂, 陶凤和, 等. 电感式磨损颗粒传感器中非铁磁质磨损颗粒的磁场特性[J]. 传感器与微系统, 2010(02):35-37.

[48]   吴超, 郑长松, 马彪. 电感式磨损颗粒传感器中铁磁质磨损颗粒特性仿真研究[J]. 仪器仪表学报, 2011(12): 2774-2780.

[49]   王志娟, 赵军红, 丁桂甫. 新型三线圈式滑油磨损颗粒在线监测传感器[J]. 纳米技术与精密工程, 2015(02):154-159.

[50]   贾然, 马彪, 郑长松, 等. 电感式磨损颗粒在线监测传感器灵敏度提高方法[J]. 湖南大学学报(自然科学版), 2018(04):129-137.

[51] BO Z, ZHANG X M, ZHANG H P, et al. Iron wear particle content measurements in process liquids using micro channel: inductive method[J]. Key Engineering Materials, 2015, 645-646:756-760.

[52] WU Y, ZHANG H, WANG M, et al. Research on the metallic particle detection based on spatial micro coil[J]. Chinese Journal of Scientific Instrument, 2016.

[53] FAN H B, ZHANG Y T, LI Z N, et al. Study on magnetic characteristic of ferromagnetic wear debris in inductive wear debris sensor[J]. Tribology, 2009, 29(5):452-457.

[54] DU L, ZHE J. An integrated ultrasonic-inductive pulse sensor for wear debris detection[J]. Smart Materials & Structures, 2017, 22(2):1330-1334.

[55] FENG S, YANG L L, QIU G, et al. An inductive debris sensor based on a high-gradient magnetic field[J]. IEEE Sensors Journal, 2019, PP(99):1.

[56] DING Y, WANG Y, XIANG J. An online debris sensor system with vibration resistance for lubrication analysis[J]. Review of Scientific Instruments, 2016, 87(2):25109.

[57] MIMOUNE S M, ALLOUI L, HAMIMID M, et al. The hidden magnetization in ferromagnetic material: Miamagnetism[J]. 2018,32(1):23-24

[58] BAYDIN A, HENNER V, SUMANASEKERA G. Mechanisms of fast coherent magnetization inversion in ferronanomagnets[J]. Journal of Magnetism & Magnetic Materials, 2017, 441:S1527109696.

[59] SAKAMOTO S, ANH L D, HAI P N, et al. Magnetization process of the insulating ferromagnetic semiconductor (Al, Fe)Sb[J]. 2019, 101: B075204.

[60] GUAN W, ZHANG D, ZHU Y, et al. Numerical modeling of iron loss considering laminated structure and excess loss[J]. IEEE Transactions on Magnetics, 2018, PP(99):1-4.

[61] YOSHIOKA T, TSUGE T, TAKAHASHI Y, et al. Iron loss estimation method for silicon steel sheet taking account of DC-biased conditions[J]. IEEE Transactions on Magnetics, 2019, PP(99):1-4.

[62] LI W, WEI W, LV J, et al. Structure and magnetic properties of iron-based soft magnetic composite with Ni-Cu-Zn ferrite-silicone insulation coating[J]. Journal of Magnetism & Magnetic Materials, 2018,02:33.

[63] EGOROV D, PETROV I, PYRHÖNEN J, et al. Hysteresis loss in ferrite permanent magnets in rotating electrical machinery[J]. IEEE Transactions on Industrial Electronics, 2018, PP(99):1.

[64] QUACH D T, PHAM D T, NGO D T, et al. Minor hysteresis patterns with a rounded/sharpened reversing behavior in ferromagnetic multilayer.[J]. Scientific Reports, 2018, 8(1):4461.

[65] 范红波, 张英堂, 任国全, 等. 新型磨损颗粒在线监测传感器及其试验研究[J]. 摩擦学

学报, 2010(04):338-343.

[66] 范红波, 张英堂, 李志宁, 等.电感式磨损颗粒传感器中铁磁质磨损颗粒的磁特性研究 [J].摩擦学学报, 2009(05):452-457.

[67] 范红波, 张英堂, 陶凤和, 等. 铁磁质磨损颗粒形态对电感式磨损颗粒传感器输出特性 的影响[J]. 传感技术学报, 2009, 22(10):1401-1405.

[68] 严宏志, 张亦军. 一种磨损颗粒在线监测传感器的设计及其特性分析[J]. 传感技术学报, 2002(04):333-338.

[69] ZHANG X M , ZHANG H P, BO Z, et al. Study on magnetization and detection the metal particle in harmonic magnetic field[J]. Key Engineering Materials, 2015, 645-646:790-795.

[70] 张兴明. 时谐磁场金属颗粒磁化特性及微流体油液检测机理研究[D]. 大连: 大连海事 大学, 2014.

[71] BEREZKINA S V, KUZNETSOVA I A, YUSHKANOV A A. Calculation of the eddy current in a small conducting spherical particle[J]. Physics of the Solid State, 2007, 49(1):6-10.

[72] SATO T, AYA S, IGARASHI H, et al. Loss computation of soft magnetic composite inductors based on interpolated scalar magnetic property[J]. IEEE Transactions on Magnetics, 2015, 51(3):1-4.

[73] 徐涛, 韩娇, 聂鹏, 等. 内嵌电感式磨损颗粒监测传感器的多磨损颗粒特性仿真研究[J]. 润滑与密封, 2016(08):57-61.

[74] LUNGU M. Separation of small nonferrous particles using an angular rotary drum eddy-current separator with permanent magnets[J]. International Journal of Mineral Processing, 2005, 78(1):22-30.

[75] BURELBACH J. Particle motion driven by non-uniform thermodynamic forces[J]. The Journal of Chemical Physics, 2019, 150(14).

[76] CAO Q, LI Z H, ZHEN W, et al. Rotational motion and lateral migration of an elliptical magnetic particle in a microchannel under a uniform magnetic field[J]. Microfluidics & Nanofluidics, 2018, 22(1):3.

[77] GÓMEZPASTORA J, KARAMPELAS I H, XUE X, et al. Magnetic bead separation from flowing blood in a two-phase continuous-flow magnetophoretic microdevice: theoretical analysis through computational fluid dynamics simulation[J]. Journal of Physical Chemistry C, 2017, 121(13):7466-7477.

[78] 苏军伟, 顾兆林. 气固颗粒系统模拟的研究进展[J]. 化学反应工程与工艺, 2016, 32(3):261-276.

[79] 洪文鹏, 齐琪. 粗糙壁面流道内颗粒趋壁沉积特性的数值研究[J]. 中国电机工程学报, 2016, 36(S1):147-153.

[80] NAZIR R, REZAEI H, MOMENI E . Journal of Zhejiang University-SCIENCE A (applied

physics & engineering)[J]. 浙江大学学报（英文版）A 辑: 应用物理与工程, 2020, 21(12):8.

[81] 王则力, 岑可法, 樊建人, 等. 全尺度方法对颗粒与流体之间相交换量研究[J]. 工程热物理学报, 2012, 33(01):71-74.

[82] 陈念.微小粒子两相流模型计算及误差估计[D]. 武汉：华中科技大学, 2012.

[83] 戴琪, 金台, 罗坤, 等. 可压缩均匀湍流中颗粒对湍流调制的数值研究[J]. 工程热物理学报, 2018, 39(04):793-799.

[84] 赵春伟.基于微结构的磁流变液力学性能研究[D]. 重庆：重庆大学, 2014.

[85] STUART D C C, KLEIJN C R, KENJERES S. An efficient and robust method for Lagrangian magnetic particle tracking in fluid flow simulations on unstructured grids[J]. Computers & Fluids, 2011, 40(1):188-194.

[86] 傅旭东, 王光谦. 低浓度固液两相流颗粒相本构关系的动理学分析[J]. 清华大学学报(自然科学版), 2002(04):560-563.

[87] 张自超, 王福军, 陈鑫, 等. 低浓度固液两相流相间阻力修正模型研究[J]. 农业机械学报, 2016(12):92-98.

[88] 孙其诚, 王光谦. 颗粒流动力学及其离散模型评述[J]. 力学进展, 2008(01):87-100.

[89] JEFFERY G B. The motion of ellipsoidal particles in a viscous fluid[J]. Proceedings of the Royal Society of LONDON Series A-Containing Papers of a Mathematical and Physical Character, 1922, 102(715):161-179.

[90] MARTINDALE J D. A soft-magnetic slender body in a highly viscous fluid[D]. Dissertations & Theses - Gradworks, 2013.

[91] ABBAS M, BOSSIS G. Separation of two attractive ferromagnetic ellipsoidal particles by hydrodynamic interactions under alternating magnetic field[J]. Physical Review E, 2017, 95(6):062611.

[92] 陈有斌. 固相颗粒在旋流场作用下的运移动力学特性研究[D]. 大庆：东北石油大学, 2016.

[93] LIU H, WANG S, WEI H, et al. Design and experimental test of an on-line particle detection sensor based on symmetrical magnetic field [C]. International Conference on Fluid Power & Mechatronics, 2015:5.

[94] MILLER J L, KITALJEVICH D. In-line oil debris monitor for aircraft engine condition assessment[M]//IEEE Aerospace Conference Proceedings, 2000:49-56.

[95] DU L, ZHE J. A microfluidic inductive pulse sensor for real time detection of machine wear [C]. IEEE International Conference on Micro Electro Mechanical Systems, 2011.

[96] ZHANG H P, HUANG W, ZHANG Y D, et al. Design of the Microfluidic Chip of Oil Detection[J]. Applied Mechanics & Materials, 2011, 117-119:517-520.

[97] ZHANG X M, ZHANG H P, SUN Y Q, et al. Effects of eddy current within particles on the

3D solenoid microfluidic detection chip[J]. Applied Mechanics & Materials, 2013, 385-386:546-549.

[98]   HAIDEN C, WOPELKA T, JECH M, et al. A microfluidic chip and dark-field imaging system for size measurement of metal wear particles in oil[J]. IEEE Sensors Journal, 2016, 16(5):1182-1189.

[99]   FLANAGAN I M, JORDAN J R, WHITTINGTON H W. An inductive method for estimating the composition and size of metal particles[J]. Measurement Science and Technology, 1990, 1(5):381-384.

[100] 殷勇辉, 严新平, 萧汉梁, 等. 磨损颗粒监测电感式传感器设计[J]. 传感器技术, 2003(07):36-38.

[101] 殷勇辉, 严新平, 萧汉梁. 电感式磨损颗粒监测传感器的磁场均匀性研究[J]. 摩擦学学报, 2001(03):228-231.

[102] DU L, ZHU X L, HAN Y, et al. Improving sensitivity of an inductive pulse sensor for detection of metallic wear debris in lubricants using parallel LC resonance method[J]. Measurement Science and Technology, 2013, 24(7):075106.

[103] DU L, ZHE J. A high throughput inductive pulse sensor for online oil debris monitoring. Tribology International, 2011, 44(2): 175-179.

[104] DU L, ZHE J. Parallel sensing of metallic wear debris in lubricants using undersampling data processing[J] .Tribology International, 2012, 53:28-34.

[105] 范红波, 张英堂, 程远, 等. 磨损颗粒径向分布对电感式磨损颗粒传感器测试结果的影响[J]. 传感技术学报, 2010(07):958-962.

[106] 刘恩辰, 张洪朋, 张鑫睿, 等. 双线式螺线管型磨损颗粒传感器设计及其实验研究[J]. 大连海事大学学报, 2016, 42(02):102-106.

[107] 陈书涵, 张蓉, 刘金华. 一种新型磨损颗粒传感器输出模型建立及其特性分析[J]. 湖南工业大学学报, 2009(02):45-49.

[108] 高震, 郑长松, 贾然, 等. 综合传动油液金属磨损颗粒在线监测传感器研究[J]. 广西大学学报(自然科学版), 2017(02):409-418.

[109] LI C, LIANG M. Extraction of oil debris signature using integral enhanced empirical mode decomposition and correlated reconstruction[J]. Measurement Science & Technology, 2011, 22(8):85701.

[110] LUO J, YU D, LIANG M. Enhancement of oil particle sensor capability via resonance-based signal decomposition and fractional calculus[J]. Measurement, 2015, 76:240-254.

[111] LI C, LIANG M. Enhancement of oil debris sensor capability by reliable debris signature extraction via wavelet domain target and interference signal tracking[J]. Measurement, 2013, 46(4):1442-1453.

[112] HE Y B, FENG W W, JIANG K. Finite element analysis on multi parameter characteristics of inductive lubricating oil wear debris sensor[J]. Applied Mechanics & Materials, 2015, 738-739:97-102.

[113] 刘晓琳, 施洪生. 三线圈内外层电感磨损颗粒传感器研究[J]. 传感器与微系统, 2014(11):12-15.

[114] 张洪朋, 张兴明, 郭力, 等. 微流体油液检测芯片设计. 仪器仪表学报, 2013, 34(4), 762-767.

[115] ZHANG X, ZHANG H, SUN Y, et al. Research on the output characteristics of microfluidic inductive sensor[J]. Journal of Nanomaterials, 2014(7):1-7.

[116] 张兴明, 张洪朋, 孙玉清, 等. 微流体芯片对油液金属颗粒的区分检测[J]. 大连海事大学学报, 2014, 40(03):103-107.

[117] 张兴明, 张洪朋, 陈海泉, 等. 微流体油液检测芯片分辨率-频率特性研究[J]. 仪器仪表学报, 2014, 35(02):427-433.

[118] HONG W, WANG S P. Radial inductive debris detection sensor and performance analysis[J]. Measurement Science and Technology, 2013, 24(12):125103.

[119] LIU H, WANG S, HONG W, et al. Design and experimental test of an on-line particle detection sensor based on symmetrical magnetic field[C] // International Conference on Fluid Power & Mechatronics. IEEE, 2015.

[120] 曾霖, 张洪朋, 赵旭鹏, 等. 液压油污染物双线圈多参数阻抗检测传感器[J]. 仪器仪表学报, 2017, 38(07):1690-1697.

[121] 曾霖, 张洪朋, 滕怀波, 等. 一种船机油液多污染物检测新方法研究[J]. 机械工程学报, 2018, 54(12):125-132.

[122] WU Y, ZHANG H P, ZENG L, et al. Determination of metal particles in oil using a microfluidic chip-based inductive sensor[J]. Instrumentation Science & Technology, 2016, 44(3):259-269.

[123] ELREFAI A L, SASADA I. Magnetic particle detection system using fluxgate gradiometer on a permalloy shielding disk[J]. IEEE Magnetics Letters, 2016, 7:1-4.

[124] ELREFAI A L, SASADA I. Magnetic particle detection in unshielded environment using orthogonal fluxgate gradiometer[J]. Journal of Applied Physics, 2015, 117(17):346.

[125] 马怀祥. 基于霍尔效应的铁磁性磨损颗粒测试方法[J]. 煤矿机械, 2004(5):135-136.

[126] LAI M F, HUANG H T, LIN C W, et al. Wheatstone bridge giant-magnetoresistance based cell counter[J]. Biosensors and Bioelectronics, 2014, 57:48-53.

[127] 贾然, 马彪, 郑长松, 等. 电感式磨损颗粒在线监测传感器灵敏度提高方法[J]. 湖南大学学报(自然科学版), 2018, 45(4):134-142.

[128] MUTHUVEL P, GEORGE B, RAMADASS G A. Magnetic-capacitive wear debris sensor

plug for condition monitoring of hydraulic systems[J]. IEEE Sensors Journal, 2018, 18(22):9120-9127.

[129] WU H K, LI R, KWOK N M, et al. Restoration of low-informative image for robust debris shape measurement in on-line wear debris monitoring[J]. Mechanical Systems & Signal Processing, 2019, 114:539-555.

[130] XIN D, ZENG Y, GAO R, et al. Effects of particle shape on friction mechanism based on discrete element method[J]. Journal of Southwest Jiaotong University, 2012, 47(2):252-257.

[131] DOORN P F, CAMPBELL P A, WORRALL J, et al. Metal wear particle characterization from metal on metal total hip replacements: transmission electron microscopy study of periprosthetic tissues and isolated particles[J]. J Biomed Mater Res, 2015, 42(1):103-111.

[132] TIAN H X, ZHANG C H, SUN Y L. Development of sensor to monitor ferromagnetic debris based on electromagnetic induction principle[J]. Applied Mechanics & Materials, 2013, 336-338(1):388-391.

[133] KRASMIK V, RÖBKEN N, MARTIN C, et al. Characterising the friction and wear behaviour of lubricated metal-metal pairings with an optical online particle detection system[J]. Lubrication Science, 2017, 30(1): 207-228.

[134] BO Z, ZHANG X M, ZHANG H P, et al. Iron wear particle content measurements in process liquids using micro channel: inductive method[J]. Key Engineering Materials, 2015, 645-646:756-760.

[135] SUN Y, HAO Y, TONG H, et al. Review of on-line detection for wear particles in lubricating oil of aviation engine[J]. Chinese Journal of Scientific Instrument, 2017, 38(7):1561-1569.

[136] 吴瑜, 张洪朋, 王满, 等. 金属颗粒形态对电感式传感器输出特性影响的研究[J]. 仪器仪表学报, 2015, 36(10):2283-2289.

[137] 仲维畅. 铁磁性物质在地磁场中的静置磁化和退磁[J]. 无损检测, 2009, 31(6):451-452.

[138] 韩光泽, 朱小华. 介质中的电磁能量密度及其损耗[J]. 郑州大学学报(理学版), 2012, 44(3):81-86.

[139] GEE A M, ROBINSON F, YUAN W. A superconducting magnetic energy storage-emulator/battery supported dynamic voltage restorer[J]. IEEE Transactions on Energy Conversion, 2017, 32(1):55-64.

[140] BARTSCH T, MEDERSKI J. Nonlinear time-harmonic Maxwell equations in an anisotropic bounded medium[J]. Journal of Functional Analysis, 2017, 272(10):4304-4333.

[141] LITWIN W. Influence of local bush wear on water lubricated sliding bearing load carrying capacity[J]. Tribology International, 2016, 103:352-358.

[142] HOU D, MU M, LEE F C, et al. New high-frequency core loss measurement method with

partial cancellation concept[J]. IEEE Transactions on Power Electronics, 2017, 32(4):2987-2994.

[143] LIN D, ZHOU P, BADICS Z, et al. A dynamic core loss model for soft ferromagnetic and power ferrite materials in transient finite element analysis[J]. IEEE Transactions on Magnetics, 2004, 40(2):1318-1321.

[144] 葛鹏飞, 郑长松, 刘勇, 等. 基于污染颗粒分布的综合传动装置状态监测[J]. 润滑与密封, 2013(11):83-86.

[145] LIU Y, MA B, YAN Y, et al. Failure prediction and wear state evaluation of power shift steering transmission[J]. Applied Mechanics & Materials, 2015, 741:183-187.

[146] JIA R, MA B, ZHENG C S, et al. Magnetic properties of ferromagnetic particles under alternating magnetic fields: focus on particle detection sensor applications[J]. Sensors, 2018, 18(12): 4144.

[147] VASENKOV A V, KUSHNER M J. Electron energy distributions and anomalous skin depth effects in high-plasma-density inductively coupled discharges.[J]. Phys Rev E Stat Nonlin Soft Matter Phys, 2002, 66(2):66411.

[148] 蓝威, 王超凡, 马预谱, 等. 磁性颗粒在磁场作用下的运动特性研究[J]. 工程热物理学报, 2019, 40(1):172-177.

[149] 姚振宁, 刘大明, 周国华, 等. 均匀外磁场中铁质球体系统磁场的镜像解析解[J]. 电子学报, 2014, 42(09):1665-1671.

[150] 魏群. 螺线管磁场分布特征[J]. 长春工业大学学报（自然科学版）, 2003, 24(3):68-70.

[151] JIA R, MA B, ZHENG C, et al. Comprehensive improvement of the sensitivity and detectability of a large-aperture electromagnetic wear particle detector[J]. SENSORS, 2019, 19(14) :3162.

[152] TAI G, DENG Z. An improved EMD method based on the multi-objective optimization and its application to fault feature extraction of rolling bearing[J]. Applied Acoustics, 2017, 127:46-62.

[153] LI Y, XU M, LIANG X, et al. Application of bandwidth EMD and adaptive multiscale morphology analysis for incipient fault diagnosis of rolling bearings[J]. IEEE Transactions on Industrial Electronics, 2017, 64(8):6506-6517.